寻找化石的人

[美]查尔斯·H. 斯腾伯格　著
和毓明　译

中国大地出版社
·北　京·

图书在版编目（CIP）数据

寻找化石的人 /（美）查尔斯·H. 斯腾伯格著；和毓明译. -- 北京：中国大地出版社，2020.4

书名原文：THE LIFE OF A FOSSIL HUNTER

ISBN 978-7-5200-0519-7

Ⅰ. ①寻… Ⅱ. ① 查… ②和… Ⅲ. ①化石－采集－普及读物 Ⅳ. ①Q911.21－49

中国版本图书馆 CIP 数据核字（2019）第 292332 号

寻找化石的人

XUNZHAO HUASHI DE REN

责任编辑：王一宾　张玉龙

责任校对：王洪强

出版发行：中国大地出版社

社址邮编：北京市海淀区学院路 31 号　100083

电　　话：（010）66554511　（010）66554686

传　　真：（010）66554518

网　　址：http：//www.chinalandpress.com

电子邮箱：gphdzcb@sina.com

印　　刷：三河市华晨印务有限公司

经　　销：全国新华书店

开　　本：710mm×1000mm　1/16

印　　张：12.5

字　　数：190 千字

版　　次：2020 年 4 月北京第 1 版

印　　次：2020 年 4 月河北第 1 次印刷

书　　号：ISBN 978-7-5200-0519-7

定　　价：42.00 元

查尔斯 · H. 斯腾伯格

亨利·费尔菲尔德·奥斯本

前 言

在此我要特别感谢纽约的美国自然历史博物馆馆长兼古生物学会主席亨利·费尔菲尔德·奥斯本(Henry Fairfield Osborn)教授,他为我提供了许多精美的插图,使整本书增添了色彩。同时,在其他方面他还给予了我许多帮助。

我也要感谢此书的编辑玛格丽特·瓦格纳尔斯(Margaret Wagenalls)小姐;感谢堪萨斯州立大学邓拉普(Dunlap)教授,他为本书提出了宝贵意见;感谢哥伦比亚大学动物学讲师格雷戈里(W. K. Gregory)博士,如果没有他的付出,就不会有这本书的出版。

我希望通过这本书能唤起人们对研究古生物化石的浓厚兴趣,同时也要感谢所有为此目标做出贡献的朋友们。

查尔斯·H. 斯腾伯格

1909 年 1 月,堪萨斯州劳伦斯

目 录

序 言

在我们的书架上有许多讲述生存游戏里猎人生活和冒险的书，但关于化石猎人的书却从未有人写过。这两种书都是写与自然界的亲密接触，因此都很有趣。两者同样充满了冒险，同样充满了兴奋和沮丧、希望和失败，但是两者之间还是存在着巨大的差异。生存游戏里的猎人虽然可以说是一个十足的运动员，但他总是使活生生的动物濒临死亡和灭绝，而化石猎人却总是试图让已经灭绝的动物复活。这种对过去的再现，如对曾经的森林和平原、河流和海洋美丽景色的再现，同对生存游戏的追求一样令人着迷，而且在我看来，这是一种更加高尚的追求。

美国化石丰富的产地分布在西部辽阔的干旱和半干旱地区，主要分散在大片平原和大的山脉地区，丰富的化石产地造就了一个独特的美国职业——化石狩猎。化石猎人首先必须是一个科学爱好者，能够忍受各种各样的困难，既要忍受早春、晚秋和初冬的寒冷，又要忍受夏日的高温和暴晒，而且他还得随时做好喝苦碱水的准备，在有些地区还得防止蚊子和其他害虫的袭击。其次，他必须要像一个工程师那样可以同大量的石头打交道，并把它们从无路可走的沙漠荒地运到最近的运输点；必须会用一种细腻而娴熟的手法，即使是在骨骼化石碎裂的情况下也能保留哪怕最小块的碎片；必须学会满足于非常简朴的生活，因为这个职业几乎没有报酬，即使有，通常也都很低；必须能够在发现化石标本时，为了公众的利益把这些他们自己都没见过的化石标本送到博物馆，同时在这个过程中获得满足感和刺激感，即使公众对化石猎人所做的牺牲一无所知，而且也没有感激。

美国化石研究领域有幸吸引了一大批敬业的探险家，而本书作者就是其中的先驱之一。他通过不懈的努力，把许多特别好的化石标本献给了美国和欧洲很多大博物馆的书架和展示台。

尽管已经有很多人描写过那些特殊的探险，有些人还写得相当详细，但这本书却是第一部关于记述化石猎人生活的作品，而且这部书还是出自这一特殊行业中最年长的代表人物之笔。查尔斯・H. 斯腾伯格，这个名字经常被我们同西方很多地方的发现联系在一起，他为科学、古生物学的发展做出了独特的贡献，也使我们能够更好地了解北美奇妙的古代生活。他具有冒险和自我牺牲精神，理应获得所有自然爱好者的认可，并且应该永远被人铭记。

——亨利・费尔菲尔德・奥斯本

（美国自然历史博物馆馆长兼古生物学会主席）

第一章

早期在白垩纪达科他组的工作

我已经记不起自己是什么时候开始收集化石的了，但是我从小就很喜欢大自然。

我15岁之前的光阴都是在纽约奥齐戈县的老哈特威克神学院度过的。我父亲拉维·斯坦伯格(Levi Sternberg)博士在那里当了14年的校长，我那博爱又虔诚的祖父乔治·米勒(George B. Miller)博士在那里当了35年的神学教授。可爱的萨斯奎哈纳山谷位于美国詹姆斯菲尼莫尔库珀，再往前5英里[1]就是沃尔特斯科特(Walter Scott)的出生地库珀斯镇。我少年的大部分时光就是在他出名的那个地方度过的。我经常和同伴们一起去奥齐戈湖上野餐，在那里大声叫喊，听回声，然后将我们的桌布铺在岸边的树下，这棵树上的一只野猫曾经试图袭击吓蒙的伊丽莎白·坦普尔(Elizabeth Temple)。

在那些日子里，我最大的乐趣就是和亲爱的表妹一起住在树林里。我们曾经在那些雄伟的树木——包括枫树、山核桃树、松树和铁杉——之间建造森林静休处，把柳条编在那些我砍来用以作支撑的架子之间。在那里，我向那些参天大树发表着稚气的演说。我们也

① 英里：英美制长度单位，1英里约合1.609 3千米。

很喜欢去苔藓池参观和探险。苔藓池位于河对岸的山顶，整个地面被海绵般的苔藓包围着，我们可以摇摇晃晃地踩着苔藓走到一块足够支撑我们的圆木上，可以抓大头鱼，或者在凉爽而密集的铁杉林里吃我们的午餐。这片铁杉林四周围绕着水，沉重的枝条像强壮的手臂一样交织在一起，挡住了光线。因此，即使在正午，阳光也几乎无法直射下来。

我超喜欢花！我把冰雪消融之后绽放的第一朵番红花，以及蔓生的野草莓和嫩绿的冬青叶带给我母亲。晚些时候，我还会给她采摘黄色驴蹄草和芬芳的睡莲。当秋天的霜冻把树叶染成深红和金黄的颜色时，我也会把绚丽的金黄色树叶给她送过去。

在早年的那些时光，我也常常用手边的工具从该地区的石灰岩地层中将贝壳凿出来，但是除了把岩石刻成贝壳状被当成水流作用的神奇力量的例子，这些壳很少被人欣赏。又或者，一个细心的人指出这些壳好像曾经有过生命，这是唯一可以证明它们存在过，而且还不违背世界历史只有6000年这一观点。那就是创造了岩石的万能之神，当然也可以同时轻而易举地创造出远古植物化石和动物化石，就像它们被发现的时候一样。

我记得我在纽约埃姆斯一个叔叔的阁楼里发现了一个重要的东西：一个装满了贝壳化石和石英晶体的篮子。这是我叔叔的兄弟收集来的。“他把时间都浪费在山上游荡并收集石头上了，幸好他去世得早，不然就要给家族丢脸了。”我的叔叔总是这么说他这位兄弟。他收集到的所有大标本都已经被扔掉了，而在旧篮子里的小标本也早已被人遗忘。我叔叔很欢迎我坐他的车回家，我一遍又一遍地从那些材料中挑选样品，选择吸引我的那些标本，这种喜悦的心情让我一辈子都难以忘记。我给它们都贴上了“来自詹姆斯叔叔”的标签，这一举动让我亲爱的阿姨大吃一惊。几年后当我们搬到西部地区

时，我就把这些东西都送给了她。她后来在那一堆东西里发现了很多贴着"詹姆斯叔叔的虫"标签的杆菊石。

10岁那年我遭遇了一次事故，至今都未能完全康复。我记得在父亲的谷仓里，跨过大堆干草和谷物去疯狂地追逐一个年纪比我大一点儿的男孩。在楼下的地板上，一架老式脱粒机正在发出震耳欲聋的声音，外面拴着的两匹马不停地往斜面上爬，但怎么也爬不上去。

这个男孩在谷仓顶部脚手架上的一大堆燕麦上攀爬，而我这个"查理男孩"（我母亲当时总是这么叫我）则跟在他后面，我从20英尺[①]高的楼梯顶部一个被燕麦堆覆盖住的洞口掉了下来，直接摔到地板上。这个年纪比我大一些的男孩迅速爬下来，把昏迷的我送回了家。

我们的家庭医生认为我只是扭伤而已，然后给我包扎了伤口。但是事实上，我左腿的腓骨已经脱位，这是非常折磨人的。于是，大家经常会看到一个瘸腿的小男孩拄着拐杖在山间走来走去。

这条腿一直都未能完全恢复，之后的几年还给我带来了很多麻烦。1872年，我在堪萨斯州管理一个牧场，那年11月，一场大冰雹席卷了整个中部地区。我管理的牛群遍布几千英亩[②]的榆树溪，为了让它们喝水，我不得不跟随一小群一小群的牛来到它们惯常饮水之处，为它们凿冰。而溅在我裤管上的水结了冰，从此让我这跛腿患上了风湿。整个冬天，我都坐在黄杨木火炉旁的皮椅上，我亲爱的母亲要日日夜夜、寸步不离地照料着我。

炎症消退之后，我的膝关节变得非常僵硬。为了避免这一辈子都拄拐杖，我在莱利堡一家医院的大病房里住了一个月，用一种特殊

---

① 英尺：英美制长度单位，1英尺合0.304 8米。

② 英亩：英美制面积单位，1英亩约合40.468 6公亩。

的医疗器械来矫正我的腿。军队的外科医生技术非常成熟，使我摆脱了拐杖。虽然我的腿依然很僵硬，但此后我仍然在西部荒凉土地的化石床上走了几千里路。

1865 年，我 15 岁的时候，我父亲担任了位于马歇尔郡阿尔比恩的爱荷华路德学院的校长职务，于是我童年时代的破碎丘陵，就被中西部的平原和水取代了。

两年后，我和我的孪生兄弟移民到堪萨斯州埃尔斯沃斯县的一个哥哥的牧场。这个牧场位于哈克堡以南 2.5 英里，如今被称为卡诺波利斯。它当时是太平洋堪萨斯分部的终点站，几乎每天都有一辆又一辆满载货物的草原大篷车从这里出发，一直穿过老巴特菲尔德和圣达菲小道。其中一条通向烟山，另一条则穿过阿肯色山谷到达丹佛和西南部地区。

春天，成群的野水牛“跟着”嫩草往北迁移，到了秋天又回到南方。在春天一个阳光明媚的日子里，我和哥哥开始了第一次野水牛狩猎之旅。我们赶出几匹印度马，套上一辆轻便的马车，很快就把几个定居点都抛在了身后，一直来到西南部的草原上靠近老扎罗堡的地方。老扎罗堡是圣达菲路上一家公司的哨所，已经荒废很久了。而现在，它被一个在附近有一小块牧地的牧场主占用了。

就在离哨所几英里远的地方，我们看到 1 英里外卧着一大群野水牛。在平原上，接近它们并不是一件容易的事，因为在前行的同时我还要保证身体不露出矮草丛，经过艰苦的努力，我终于在没有打扰它们的情况下潜伏到了射击距离内。正当我打算歇息一下准备射击时，牧场主骑着马穿过牧群，把它们都打发走了。我非常愤怒，几乎想把枪口对准那个人。我回到马车上，驾车穿过那些已经完成收割的土地，那地方就好像有一大群羊或者成千上万头南下的野水牛群曾经经过那里一样。

因为急于找到能取水又便于侦查的地方，我们便来到了阿肯色河。在一片覆盖着草和柳树的沼泽地上，我们发现了野水牛走过留下足迹的小路。我在其中一条路上趴下来，把枪举到肩膀上正在对焦，这时一只庞大的动物突然从我的右方冲了过来。我扣动扳机，那只棕色的动物便整个倒在了地上。

我把枪举过头顶，冲上去喊道："我打死了一头野水牛！"结果却发现我射中的是一头得克萨斯牛。一想到它的主人会有多么愤怒，我们就吓坏了。于是我们惊慌失措地冲回马车，快马加鞭地跑了，就好像有个愤怒的人在追着我们跑一样。但经过冷静的思考之后我们得出结论：那头牛是跟着水牛群一起北上的，它和野水牛一样都是我们的猎物。

在日落之前，我们到达了一个没有水牛经过的地方，整块平原都被肥沃的草地覆盖着，刚好能给我们的马提供充足的食物。在这里，我们很高兴地发现，有一头被赶出野牛群的老水牛正站在山涧上等待着死亡。我们躲在一头牛的尸体后面，用我们的斯宾塞卡宾枪向它开火，让子弹连续射穿它可怜的身躯，直到它停止挣扎。即便它已经倒下，再也站不起来，但我们还是躲到它的身后向它扔石子，直到确定它已经死亡。我们发现它的肉硬得都不能吃，但对我们两个男孩来说，杀死这头巨大的野兽是件令人兴奋的事。在早些时候，也许它是野水牛群的首领。

说到这儿，要讲一下几年后我在东部埃尔斯沃斯县牧场里的一次追逐。我看见一头巨大的野水牛正从山上狂奔而来，奔向一个被铁丝网包围的地方。而另一边是一片树林，由于担心它钻进茂密的树林无法找到，所以我就以最快的速度骑着马跟在它后面。

当它低头撞击铁丝网时，铁丝网就像弹簧门一样飞了起来，之后又立即在它身后合上了。为了追上它，我要么切断铁丝网，要么从半英里远的南门进去。我决定走后一条路，当我赶到大门口时，发现我的猎物已经跑到这块区域的中间地段了。正当它要穿过另一边的栅栏冲进茂密的树林里的时候，我凑近它，朝它的臀部开了一枪。

我兴奋不已，对着我的马大喊，站在铁丝网上对着马呼唤让它过来。但是就好像突然有一种固执的念头控制住了它一样，我的马就是不肯过来。于是我不得不从栅栏上下来，去抽打让它过来，可是当我重新站在栅栏上的时候，它又像之前一样往后退了。我一直重复这个过程，直到筋疲力尽，才放弃了斗争。

当我绝望地看向野水牛消失的方向时，我惊讶而又羞愧地发现那头水牛就站在不到10英尺外的一棵榆树下，它被一团巨大的野生葡萄藤遮住，只露出一对眼睛，它就这样安静且又带着惊讶地看着发生在我这个猎人和马之间的这场闹剧。我一直感到很后悔，利用了它对我的信任，因为当我回过神来时，朝头野水牛的肩膀后面开了一枪，然后它就倒下了。

1877年，我在堪萨斯州的斯科特县看到了一群野水牛。直到1884年，野水牛和羚羊依然大量存在。在1907年前，我还在戈夫县的纪念碑岩附近看到了一些羚羊夹杂在野牛群中。

早些年在营地里，我们每天都有羚羊肉吃。首先，把里脊肉用盐水浸泡、调味，除去血液，然后撒上饼干屑，再在平底锅里用猪油来煎。即使在现在，一想到这美味的里脊肉我都会忍不住流口水。在那些日子里，即使是到夏天最热的时候，把后腿肉挂在马车下面也不会坏掉。因为非常通风，而且那时候也没有苍蝇。一个新区域的早期定居者会带来他们的天敌，然后天敌会摧毁他们的朋友。比如臭鼬、獾、野猫和土狼，以及鹰和蛇，它们以往的食物可能是草原土拨鼠和兔子，作为改变，现在却要吃掉一两只鸡。

在那些拓荒的岁月里，不断地有基奥瓦人、夏安族人、阿拉帕霍

人以及其他印第安部落的人来侵犯冒险的定居者。这些定居者听从霍勒斯·格里利(Horace Greeley)的建议来到西部,与这个地区一起成长。

我记得基奥瓦人的首领老桑坦特(Santante)坐着一辆政府救护车来到这里,这辆救护车是他在一次突袭活动中获得的。在和平时期,印第安部落组建了内政部,所以要塞的指挥官所能做的就是给老酋长提供军队的礼遇,照顾他和他的团队。有一次,在老石匠的店里,他喝了很多威士忌之后说:“烟山上所有的财产都是我的,我想要它,我也想当首领。”

第二年,这两样东西他真的都得到了。

1867年7月,出于对印第安人的恐惧,史密斯(A. J. Smith)将军派了1个中士和10个士兵来保护在牧场上的我们。所有定居者都聚集在一个长20英尺、宽14英尺的寨子里,这个寨子四壁是由一排排的白杨木建起来的,然后用裂开的原木、灌木和泥土盖在上面。在那些高度紧张的日子里,妇女和儿童睡在寨子地板上的一张长床上,男人们则睡在另外的一边。

7月3日的晚上非常闷热,于是我决定睡在外面一个有干草覆盖的棚子里。在黎明的第一缕阳光中,我被温彻斯特步枪的枪声惊醒,突然跳了起来。我看到中士正在让那些分散在寨子周围的士兵们排队集合。

士兵们一排好队,中士就命令他们向河对岸的白杨林开火,因为有一群印第安人撤退到了那里。一些人拿着枪走过来,主动提出要加入战斗,但是中士命令道:“市民都留在后面!”事实上,这些人更乐意听到“随意开火”的命令。士兵们开始发射子弹,炮弹在空中以各种弧线呼啸而过,但从不直线射向那些躺在地上的敌人。

天一亮,我和哥哥去河边探险,在那里我们发现了7个勇士经过,就像中士说的那样，他们穿着鹿皮鞋，穿过沙洲，朝着白杨树林的方向跑了。在又高又湿的草地上，可以很容易看到他们的马儿留下的踪迹。

寨子里的人一听到大队骑兵的脚步声就忐忑不已，尤其是在士兵们把弹药都用光了的情况下。但是，军刀的当啷声和马队的轰隆声又很快使他们的恐惧平息了下来，没多久，一队骑兵和一名指挥官在黑暗中归来了。

中士因浪费弹药而受到严厉斥责，侦察员维尔德·比尔（Wild Bill）被派到乡间去寻找印第安人的踪迹。然而，尽管这些人的踪迹非常明显，但是他的报告却令人不放心，以至整个指挥部都回到了要塞。

几小时后，我在一个商店里看到了这位著名的侦察员，他的椅子向后斜靠在石墙上，两把象牙制的左轮手枪挂在腰带上晃来晃去，所有人的目光都集中在他身上。当我走过去的时候，这个勇敢的人喊道："斯腾伯格，你们兄弟俩今天早上好像被那些正在往水里去的野水牛吓着了呀。"

"野水牛！那条小道的野水牛是两周前我们留下的。"我说。

后来，将军告诉我，印第安人准备在第四天晚上对要塞进行一次大的袭击，但是比尔没有向他报告印第安人的足迹，因为他不想被派去做长期侦察员。

这个时候，在这样一个不稳定的地区，除了印第安人之外，还有其他的危险需要提防，这是我从自己的亲身经历中总结出的教训。

作为一个17岁的男孩，我在牧场的任务是把牛奶、黄油、鸡蛋和蔬菜运到哈克堡出售。我的马是由我来照顾的，所以为了能够及时把牛奶和其他食物送到要塞，让士兵们在五点钟吃上早饭，我只好独自一个人去。有一天，我有很多账单要和警官们结算，但是由于我那天特别累，当我打电话时，他们都还没起床，于是我把账单放在口袋

里就回家了。

按照我的习惯，离开驻防部队后，我都是躺在车座上睡觉，让我的马带我回去。我不记得后来发生了什么，但当我到达牧场时，我的兄弟们发现我坐在马车里呻吟，挥舞着手臂，不断有血从额头上一个裂开的伤口里流出来。原来我在睡梦中被袭击了，身上所有的钱都被抢走了，虽然我身上只有五美元。

幸运的是，我们的邻居朗(D. B. Long)是一名退休的医院管事和外科医生。不仅如此，他们还立即派了弗莱尔(B. F. Fryer)医生赶来，此刻弗莱尔正准备开车和他的黑马队伍一起进城，他在极短的时间内赶到了牧场。尽管当时我已经停止了呼吸，但他们两个仍然坚持给我做了几个小时的人工呼吸。我的长兄多年来是军队的外科医生，他也被派来救助我。两周后当我恢复知觉时，发现他就躺在我身边的一张床垫上。

我或许也可以讲述一下那些一度牢牢控制住埃尔斯沃斯城的暴徒，直到他们自相残杀，或者沿着铁路向西转移。一辆列车那时每天早晨都要经过这条街，去收集那些头天晚上在酒馆里被杀掉的人的尸体，这些尸体被扔在人行道上，并被拖走。

尽管我想起更多与这个新地区有关的事件，但是，由于时间紧迫，我只能先做好一个化石猎人的工作。

在这个地区待了没多久，我就发现在附近那座顶部有红色砂岩的山上，有一些特别的地方，直径从几英尺到一英里的范围内散布着跟现有森林的叶子一样的印记。

这些岩石由红色、白色和棕色的砂岩组成，中间夹层则是各种颜色的黏土。整个地层到处都是巨大的燧石般的坚硬砂岩，这些砂岩耸立在被风化成圆柱状的软岩上，就像一个巨大的蘑菇，如图 1、图 2、图 3 所示。

图 1　南施奈德河的拉勒米岩层

图 2　南施奈德河附近的风化岩石和拉勒米岩层

图 3　以布道石著称的蘑菇状结石，位于堪萨斯州的榆树湾的斯腾伯格牧场附近

这个不整齐地排列在石炭系岩石上的地层属于白垩纪达科他组。沉积岩是在白垩纪的“爬行动物时代”末期在一片大海中沉积下来的，它的海岸线从阿肯色河上的考溪河口进入堪萨斯州，在内布拉斯加州比阿特丽斯附近向西北方向延伸，经过爱荷华州，一直到格陵兰岛。

这时，我被那种来自达尔文提出要转向大自然寻求所有关于地球上动植物的答案的思想所吸引了。

我经常想象着回到过去，想象着当年堪萨斯州中部的情景。它现在已经上升到海拔 2000 英尺以上，像一座座分散在亚热带海洋中的岛屿一样！没有霜冻和害虫可以破坏沿着海岸生长的大森林的树叶子，成熟的叶子会轻轻地掉进沙子里，被潮水所掩盖并形成自己的印迹，就跟神在蜡上留下的手印一样完美。

亲爱的读者，请跟我一起回到过去吧！今天这些光秃秃的平原，原来可都是森林。这儿是庄严的红木树桩，那里的木兰树开着芬芳的花朵，那边有一棵无花果树。人类没有来采集它甘美的果实，但我们可以想象造物主在凉爽的黄昏漫步在树林中，不断有香气迎面飘来，这是对造物主的感激。所有他的作品都在赞美他。香樟树旁边的肉桂树散发着香气，菩提树和桦树、甜树胶和柿子、野樱桃和杨树都彼此交融在一起。这五瓣的撒尔沙植物的藤蔓环绕着树干，在树荫下长出了一株美丽的蕨类植物。还有很多其他美丽的植物也都构成了优美的风景，但这些美好的事物，只属于那些收集了这些森林的遗物，并用自己的想象力赋予它们生命的人。因为，我童年时代知道的达纳所言，堪萨斯森林里的树木挺着它们粗壮的树干向着太阳生长已经是五百多万年前的事情了。

因此，在我 17 岁的时候，就知道了自己应该从事怎样的工作，并且下定决心，不管付出什么代价，不管贫穷、危险和孤独，我都要把研究地壳层作为我的工作，这样人们就可以更多地了解“地球上生命的起源和延续”。

父亲觉得这个工作不实用。他告诉我，如果我是一个有钱人的儿子，那么这无疑是一种愉快的消磨时间的方式，但由于我要谋生，所以应该从事其他行业。然而，在这里我要说清楚的是，尽管我的生计确实一直都很艰难，但是从科学的角度来说，我当收藏家的时候的“经济状况”一直比之前浪费生命中最宝贵的日子、试图通过务农或从事其他行业来赚钱，以便于住在家里，避免艰苦露营生活的时候要好得多。

我肩上扛着收集袋，手里拿着镐头，漫步在埃尔斯沃斯县的山间。如果偶然发现一个化石叶丰富的地方，我就会欣喜若狂，然后带着战利品漫步回家，这种快乐是无与伦比的。但是如果到天黑还是

一无所获，我会感到几乎要拖不动疲惫的双腿了。

在我发现的化石叶丰富的地区中，有一个称为“黄樟山谷”的地方，因为我在那里采集到了无数的黄樟树叶。它位于哈德逊(Hudson)兄弟家附近汤普森溪校舍东南约1英里处，位于砂岩岩脊一道狭窄峡谷的顶端，它下面有一潭泉水。1872年，著名的古植物学家列奥·勒斯奎乐(Leo Lesquereux)博士也在这里收集到了化石。在其他的化石标本中，有一片大而美丽的树叶，他以我的名义将其命名为“元叶属斯腾伯格”(Protophylluhim sternbergii)。

我清楚地记得另一个地方的发现。那是一天晚上，我梦见自己在河边，这条河的北岸与烟山在哈克堡东南3英里处相接。彩色黏土中的垂直面撞击着溪流，在这个悬崖的下面是一个浅浅的峡谷入口，这个峡谷位于半英里外的大草原上。

在梦中，我来到这个峡谷，立刻被一座巨大的锥形山所吸引，它与南面的小山丘之间有一条横向的峡谷。在每一个斜坡上都有许多大块的岩石，山脊上面的冰雪已经消失。腐烂的树叶在这些岩石留下的空地上积累了水分，而当这些水分冻结时，足够的膨胀力将岩石撑开，并显示出树叶的印迹。

其他大量的岩石也是通过这种方式裂开的，以至曾经被叶子中脉和茎干填满的空间里也出现了草根。它们的根在寻找微小通道，由于植物生长的力量，打开了这些“囚犯”的大门，它们已经在岩石中心被囚禁了几百万年。

于是我去了烟山，发现一切都和梦中一样。

达科他组已知的两片最大的树叶化石就是出自这个地方。一个是巨大的三叶的叶片，它的茎穿过底部类似于耳朵的突出部分，勒斯奎乐博士将其命名为子囊三叶虫(Aspidophyllum trilobatum)。另外一个跟它同样大，直径超过1英尺，也是三叶的，但是它的边缘呈锯齿状，勒斯奎乐博士将其命名为“黄樟多裂蒲公英”（Sassafras dissectum），如图 4 所示。

图 4　经勒斯奎乐博士修复的樟树化石叶“黄樟多裂蒲公英”

我相信自己是唯一在这个地方采集化石的化石猎人。也许我是在追逐羚羊或走失的牛时看到这些标本的，但是我一直忙于手头的工作而没有去仔细观察它们，直到它们以梦境中的形式出现，这是我所有梦境唯一成真的一个。我讲这个故事是为了表明自己对这些化石的兴趣有多浓厚。

我的第一个藏品，或者确切地说是最好的藏品，送给了史密森学会的斯宾塞 · F. 贝尔德（Spencer F. Baird）教授。以下是我收到的回信：

尊敬的先生：

我们已收到您在 5 月 28 日的来信，在此告知您，由您和您的兄弟采集到的植物化石已经转运，我们将怀着极大的兴趣盼望它们的到来。在它们到达我们这里后，我们将尽快将它们提交给有能力的科

学调查机构，并向您报告结果。

此致，

敬礼！

斯宾塞·F. 贝尔德助理秘书

1870 年 6 月 8 日，华盛顿史密森学会

当时那些化石并没有给我带来任何经济利益，但是我更看重的是那封信里的承诺，即主管部门将研究我的标本，我的发现将获得大家的肯定。

这些化石标本被送往哥伦比亚大学教授、俄亥俄州立地质学家约翰·斯特朗·纽贝里(John Strong Newberry)博士那里。当时他还没有找到发表研究结果的机会，但是很长一段时间之后，在 1898 年，我从亚瑟·霍利克(Arthur Hollick)博士那里收到了一份纽贝里博士去世后出版的《北美后期植物志》(*Later Flora of North America*)。我立刻打开它，在其中认出了一些我早期收集的标本，这些标本对科学研究是有价值的。

但是，由于出版的延迟，我的功劳也就没人知晓了。而我送给一个朋友的复制品也被勒斯奎乐博士用来说明一些新物种，勒斯奎乐博士将此归功于我的那个朋友，而不是我这个合法发现者。纽贝里博士倒是在他的书中第 133 页承认了我的工作，他说："图 5 和图 6 上的叶子是由查尔斯·H. 斯腾伯格采集到的，因此勒斯奎乐把他在沙法拉山谷的大量植物化石藏品中最好的样本和斯腾伯格的名字联系在一起是很公正的。"

1872 年，就在勒斯奎乐博士的伟大作品《白垩纪植物群》(*The Cretaceous Flora*)出现之前，我得知这位著名的植物学家是哈克堡指挥官本廷(Benteen)中尉的客人。幸运的是,我保留了我寄给史密森学会的第一批标本的草图。我带上它们动身去了波斯特,在那里我发现了一个正在举行的招待会,以接待这位著名的客人。

这位可敬的植物学家的儿子把我介绍给他,当时他几乎已经聋了。当我给他看我的草图时,他把我带到一边,在房间的一角,我跟他讲了关于我发现的故事。在检查我的草图的时候,他的眼睛闪闪发光。"这是一个新物种,"他说,"还有这个,还有这个,这一个在另一份较差的材料里描述和说明过。"

我不记得我们谈了多久,只知道宝贵的时间在飞逝。从那一刻起,直到1889年他去世为止,我们都一直保持着联系。

在这之后,我把所有的收藏品都送到他那里,以便他研究之后写进作品中。超过400种植物,像现有的墨西哥海湾沿岸的森林,一些美丽的葡萄树,一些蕨类植物,甚至是无花果的果实,还有迄今为止在达科他组的粗砂岩中发现的唯一的木兰花瓣化石,这些都表明我的努力得到了回报。这朵千百万年前盛开的可爱的木兰花,似乎依然芬芳扑鼻。

亚瑟·霍利克博士在他的论文《来自堪萨斯州白垩纪(达科他组)的一片化石叶子和一个化石水果》〔*A Fossil Petal and a Fruit from the Cretaceous(Dakota Group)of Kansas*〕第102页中写道:"最近,纽约植物园从堪萨斯州劳伦斯市的查尔斯·H.斯腾伯格那里获得的两个来自堪萨斯州白垩纪(达科他组)的植物化石标本非常有意思,一个代表大花瓣,另一个代表肉质水果。花瓣是极其稀有的,至今我还没在已发表的作品中发现任何无论是在大小方面还是在保存完好方面都能比得上我们这个标本的。"

关于无花果,亚瑟·霍利克博士说:"这个水果很明显是无花果,虽然达科他组说它可能是无花果属下23种当中的一种。他们是根据

叶子的印痕而推断的。这化石具有大部分干燥植物标本的所有外观，而且很明显，为了保持原来的形状，它必须具有相当大的相容性，就像它在一定程度上必须得承受某些压力一样。”

1888年，我把三千多件在达科他砂岩里采集来的叶子标本寄给了勒斯奎乐博士，他从中挑选了三百五十多件典型的(其中很多还是新的)标本献给了国家博物馆。后来，宾夕法尼亚州皮茨顿市的拉科(R. D. Lacoe)买下了另外数百件经他确认的化石标本，并捐赠给了博物馆。

这位伟大的植物学家在生命的最后几年身体变得非常虚弱，以至需要朋友们拿着盛放这些伟大藏品的托盘，让他那双衰老的眼睛过目。

在我看来，没有一个美国人对科学的无私奉献能与勒斯奎乐博士相比，他可能是那个时代最博学、最有责任心的植物学家。他有一次写信给我说，他从美国地质勘探局得到一天5美元的薪水，而他不得不从中抽出一部分支付给他的艺术家。他满怀热情地完成了不朽作品《达科他组的植物群》(*The Flora of the Dakota Group*)，但命运的捉弄使他未能见到自己心爱的作品出版。这本书是在他去世5年后，由能干的诺尔顿(F. H. Knowlton)博士编辑出版的。

他在83岁那年去世了。

他曾经说过：“我出生在瑞士宏伟山脉的中心，我的联想几乎全带着科学性。我和大自然生活在一起——岩石、树木和花朵。它们认识我，我也认识它们。”

我很幸运可以经常和勒斯奎乐博士通信，正是这些信坚定了我成为一个化石猎人，并为人类知识普及做贡献。我17岁的时候，就开始走这条路了。而这些信就像北极星一样指引着我克服一路上的一切挫折。我也希望它能照亮更多的人！

Columbus O 14th April 75

Mr Ch: Sternberg Fort Harker
My dear Sir
I much approve of your
purpose of studying medicine. Your taste
for natural history will help you much
and encourage you. But allow me still to
say to you as a friend would do that you
can not expect to become useful to others
and to yourself in science except by hard
work, pursued with patience and a fixed
purpose. Science is a high mountain
To go up to its top or at least high enough
to gain free atmosphere and wide horizon
necessitates hard climbing, through brushes
thicket rocks etc. Those who from the begin-
ning look around for commodious and
soft paths merely enter the gloom of the
woods at the base. They are seen from nobody
and see nothing but indistinct forms
and because there horizon is thus limited
to darkness they think there is nothing
else and nothing more to see from high
above toward the top of the mountain.
Moreover there is not a true hard step in
science or in life which does not give its reward in
one way or another. While we have not a
single moment of laziness of unmerited
comfortable rest; which does not bring us
some kind of disappointment and has not
to be paid by a little more trouble and work.
Yours very truly
L. Lesquereux

图 5　勒斯奎乐博士写给作者的信函

1897 年，由于无法进入堪萨斯州西部的脊椎动物领域，我在达科他组待了 3 个月。尽管我已经为世界上大多数的博物馆提供了很多

植物标本，但他们对化石叶子却没有什么兴趣，也没有什么需求。

然而，我得到了三千多片树叶化石标本，并付了头等运费，把它们运回了我在劳伦斯的家中。之后，我把它们运到位于小镇东南4英里的一个20英亩的小农场。在那里，我搭起了壁挂式帐篷作为工作室，还铺上了地板，搭起了炉子。从1897年11月到第2年5月，我都在那里工作，平均每天站立14个小时，脸对着帐篷，背对着火炉。到了晚上，我就在一个煤油灯下工作。

我用一把两盎司[①]重的凿边锤子把粗石子从结节边缘凿掉，如纽约克里斯蒂安·韦伯的木刻画所示（图6中的 *c*、*d*、*e*、*f*）。对他来说，这是一种他喜爱的工作，对此我深表感谢。我用金刚石把岩石磨平，用一号针把石块从叶柄上撬开，让印迹的浮纹凸显出来，就像它是叶子本身一样，这样就把它所有的美都展现出来了。我的一个邻居在看过标本之后说："你一定花了很多时间来雕刻那些东西。你为什么要这么做啊？它们看起来就像树叶一样。"

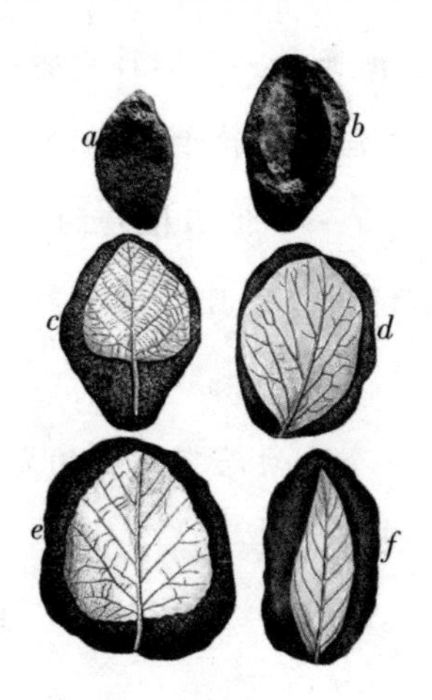

a：未开封的叶结节　*b*：切开后的化石叶　*c*、*d*、*e*、*f*：不同形式的化石叶

图6　化石叶

① 盎司：英美制质量单位，1盎司约合0.028 3千克。

在不破坏标本的情况下，我把它们放在托盘上，并给它们进行编号和鉴定。一些权威部门做标本鉴定需要收取一定的报酬，但是由于我的收入只够谋生，因此在勒斯奎乐博士去世后，我自己承担了标本鉴定的工作，这有悖于我的良心，因为我从未接受过权威的植物学方面的培训。因此，在把二百五十多个标本卖给纽约植物园之后，我如释重负。我向亚瑟·霍利克博士询问鉴定结论是否正确时，得到的答复是，经过一次非正式的检测后，他找不出任何理由反驳我的结果。这位化石植物学领域的权威人物的话，令我倍受鼓舞。

为了从达科他组回到自己的藏品工作上，我花了 9 个月的时间不停地工作。如果说爱荷华大学的麦克布莱德(Macbride)教授以 350 美元的高价买下了标本时我很开心，当收到下面这封信时，我更加高兴，因为无论当时还是现在它都要比支票更加珍贵。

亲爱的斯腾伯格先生：

这些箱子在这里都很安全。我们目前暂时还没有地方展出这些标本，但我们已经打开了前三个箱子，我们都很高兴能看到这些美丽的材料。我希望明年能有一个化石植物的展览会，到时候我一定会把这些美丽的叶子展示出来，并且标注你为采集者。我想国家博物馆会一直跟你合作的。

我相信你，祝你有一个愉快而有意义的夏天，将来如果有任何需要我帮助的地方，请及时告知我。

托马斯·k. 麦克布赖德

1898 年，爱荷华州立大学植物系

这一笔钱为我和儿子乔治(George)一起去堪萨斯州勘察白垩提供了经费，在那里我们发现了一种美丽的沧龙化石标本，并在爱荷华

大学博物馆展出。如果不是在最需要帮助的时候我及时伸出援手的话，爱荷华州能否得到这个宝贝就值得怀疑了。我在化石叶上付出了几个月的耐心劳动，使当局相信关于沧龙化石的工作我也会认真地完成。

在结束达科他组的工作之前，我想叙述一下结节如何在叶片印痕周围形成的问题，因为我在多年的探索中对这个课题进行了认真的研究。图 6 中的 a 和 b 展示了切开前和切开后的结节，就跟其他切口一样。

这些结节来自母岩，又称母体岩。母岩很软，在天气的影响下很容易分解成淡黄色的沙。透过这淡黄色的砂岩，散落着无数的叶片印痕。但是，由于脉石阵的柔软性，我们不可能从岩体内部分解出任何叶子，而且如果不是以下的自然过程，我们很可能完全失去它们。

这些树叶从白垩纪海洋沿岸生长的树上掉落下来，被涌来的潮水所覆盖。有些是茎先着地，然后翻成 U 形，有些是平躺着的，还有其他一些叶子是以不同的角度着地。随着时间的推移，积累了多年的沙子最终变得坚固，而且由于暴露在空气中，它们开始风化。与此同时，植被的铁色素被水溶解，并分布在岩体内。随着岩石的风化，这些铁被溶液中的酸从沙质中溶解出来，而树叶上的印痕就因为铁的作用而变得更硬了。

随着周围的软岩继续磨损，结节开始出现在地表上方，起初只是稍微高于周围岩石，但是随着时间的推移，它们就形成了完整的结石，上面还有叶子的痕迹，这些痕迹处于最下层的位置，还没有一支铅笔长。

然后，暴雨和冰雹开始破坏它们，于是它们变成了独立个体，体积也在减小，并且变硬，所以通常一个结节差不多是厚度只有 1 英寸的纯铁矿石。

这个过程会继续下去，一直到母体岩石中的所有叶子都被一个铁壳保护起来，才能使这些美丽的印痕在沙子从岩石中分离出来时免于破碎。

我把收集这些化石标本的地方命名为贝土利特(Betulites)地区，因为我在那里发现了许多品种的白桦树叶标本。它是由堪萨斯大学的收藏家、已故法官韦斯特(E. P. West)发现的。为了纪念他，勒斯奎乐博士将其中一个物种称为"贝土利特韦斯蒂"(Betulites westii)。他为达科塔大学收集了大量的达科塔树叶标本，其中有很多是科学上的新发现。这个地方大约有1英里长，是埃尔斯沃斯县最高的山。

我没有细数过从堪萨斯州中部的砂岩中收集到的数以千计的树叶化石，也从没有将其中任何一个标本占为己有，而且放弃它们对我来说很难。我的人生目标是要扩大人类知识的边界，如果把最好的标本留给自己，那我就不可能实现自己的人生目标。尽管它们的价格常常比我付出的劳动力和其他费用还要低，但是我不得不把它们交给那些可以把这些权威知识传递给世界的人。之后它们被保存在大博物馆里，造福所有人。

我只要求得到一个在我看来是不可剥夺的权利：我的名字以采集家的名义出现在我采集来的所有材料上。但是很遗憾，有些人却拒绝了我的这个要求。

我本可以把它们卖给艺人或经销商。事实上，我能联系到美国最大的经销商之一。但是，我把它们直接卖给了博物馆，而不是这个经销商。如果我按照他的建议去做，我收集的化石可以多卖一倍的价格，但是我的工作以这些商人愿意出的价钱来衡量，那么我永远都不会被认为是献身于古生物学的伟人之一了。

第二章

第一次探索堪萨斯白垩(1876年)

1875年冬天和1876年，我在堪萨斯州农业大学读书。

在这里，有一个以马奇(B. F. Mudge)教授为首的组织，他们聚集在一起探索堪萨斯州西部的化石。马奇不仅是学校里很受欢迎的教授，还是一位热心的地质学家。这个组织的探险活动是在耶鲁大学马什(O. C. Marsh)教授的赞助下进行的，他的努力使该组织获得了世界上最大的美国脊椎动物化石收藏机构之一的荣誉。

我竭尽全力想进入这个组织，但失败了，因为我申请的时候已经满员了。然而，让我放弃自己下定决心要完成的事情很难；因此，尽管已经不抱什么希望，但我还是向费城的柯普(E. D. Cope)教授寻求帮助。他的名气很大，我之前在曼哈顿看到一篇关于他名望的报道。

我全身心地投入给他写信，因为这是我最后的机会。我向他讲述了我对科学的热爱，以及对进入堪萨斯州西部的白垩地区去采集奇妙的化石的渴望，不论遇到怎样的困难和危险我都会全力以赴。但是我太穷了，没有能力自费去。我请他寄给我300美元，买一群马，一辆马车，一套野营用具，还要雇一名厨师和一名司机。我没有知名人士的推荐信来证明自己的能力，只是在信中讲到了我在达科他组的工作。

当我寄出这封信后，正处于一种可怕的焦虑之中，但幸运的是，教授很快就回信了。当我打开信封时，一张300美元的汇票飘落到我的脚边。附在信中的字条上写道："我喜欢你这封信的风格。附上汇票，去好好工作吧！"

在那之后漫长的4年里，这封信把我和柯普教授紧紧地联系在一起，让我能够在西部贫瘠的化石地忍受无比的艰辛和困苦。而且，能够与美国最伟大的自然主义者兴起的行业或市场上的人亲密接触一直是我生活中的乐趣之一。

当地面上的霜冻刚刚消失，气候开始转暖时，我就找了几匹马，雇佣了一个男孩来驾车，然后离开曼哈顿，驱车前往布法罗公园，我的一个兄弟是那里的经纪人。小车站旁边只有一座房子，里面住着科班人员。铁路沿线的每一站都堆积着大量的水牛骨头，这证明在人们疯狂追求享乐和金钱的过程中，有无数的动物被杀死。一张水牛皮在当时大约值1美元25美分。

之后的很多年，我把布法罗作为我的工作总部。走过两个星期只有强碱水喝的路途后，拥有一座巨大的风车和一口120英尺深的纯净水井的布法罗成为我们化石猎人的圣地。在这口井旁边，我们经常遇到马奇教授他们，尽管作为化石采集者我们之间会有激烈的竞争，但平时我们都和睦相处。

第一次探险给我留下了难以忘怀的回忆！这包括无数的艰辛和许多辉煌的成果。我探索了所有白垩暴露在外的地方，从戈夫县东部的朴树溪河口到烟山南岔口的华莱士堡，以及沿苏洛曼河南北分叉的地区，一共100多英里的距离。

离开布法罗车站的时候，我们被文明抛在了身后。我们开辟了自己的马车道，其中有两条后来被殖民者使用，直到部分线路建成。

其中的一条直接向南延伸，穿过离铁路大约 15 英里的朴树溪，那里有一股纯净的泉水，这在那一带是非常罕见而又珍贵的。我们在这里露营了好几次，并且开辟出了一条很好的路，现在这条路已经被使用好几年了。我们的第二条路穿越了整个地区，穿过戈夫城所在的朴树溪，又穿过了梅子溪分水岭。梅子溪高崖上的黄色白垩被我们用来当作 20 英里的路标。在这里，我们可以看到纪念碑岩石附近的圣菲小径上，有一个旧公司的标杆。然后，这条道路沿着烟山一直延伸到洛根县东部边缘的河狸溪河口，之后沿着老路一直向西延伸到华莱士堡。

草原狗村沿着水道向西延伸，它的牧场一直伸展到洲际线，在这里我们经常能看到成群的羚羊和野马。在朴树溪南面戈夫城遗址附近，有一条长长的峡谷，高出海平面 10 英尺或更多。当时，这条峡谷被一些人当作天然的畜栏，这些人以捕捉野生马为业，通过日夜不停地追逐，不让野马靠近饮水处，也不让它们吃草，直到它们筋疲力尽就可以很容易把它们赶到峡谷里。再将它们捕获后圈到大草原上，这些野马就变得温顺了。这些野马是疾驰的旅行者，也是西方所有野生动物中最优雅的，它们以飘逸的鬃毛和尾巴而闻名于世。

那里一直存在着来自印第安人的威胁，经过这个乡村时为了尽可能地躲避侦察者锐利的目光，我们买的帐篷和马车都是棕色的。当我们从一个峡谷旅行到另一个峡谷时，帐篷和马车的颜色与干燥的褐色水牛草的颜色混合在一起，即使是一个训练有素的印第安侦察员也分辨不出来。

我从来不带步枪，我把它留在营地或马车里，因为我知道自己不可能在猎杀印第安人的同时寻找到化石，我来这里的目的只是为了寻找化石。

我和印第安人也没有不愉快的经历，尽管我曾经有一次离他们很近。那是六月下旬的一天，我们在岩石纪念碑以北大约 3 英里处，清晨的一场细雨遮挡了白垩悬崖的强光，这样的环境非常有利于寻找化石，于是我扛起镐，沿着峡谷往下走，急切地扫视着两边的岩石。

在距离营地大约 1 英里的地方，我惊讶地发现了马的足迹。马蹄印深深地陷进白垩土里，显然这些马都是负重通过的。这些足迹是在一个小时之内留下的，我急于弄清楚它们是什么，于是我沿着足迹来到了河边。在那里，我发现了一大群战士在柳树丛下避雨的痕迹，他们把树枝捆扎在一起，然后把鹿皮和羚羊皮搭到上面形成棚子，让雨水顺着棚顶的边缘流下。当时，他们可能蹲在这些棚子下面，在暴风雨过后开始做早餐，那一堆灰烬中剩下的还未燃尽的煤块证明了这一点。

应该没有妇女和儿童随行，因为不管是哪一种肤色的女人，无论她们走到哪里，总会多多少少落下些日用品，但是在这个营地里却没有这样的东西。这群人把马拴在灌木丛中，而不是去放牧，这表明他们在这里并不打算扎营，只是为了避雨，以避免穿着湿漉漉的鹿皮软鞋和衣裤旅行而带来的种种不适。后来我才知道，那是一大群由他们著名的首领"疯马"率领的基奥瓦人、夏延人和阿拉帕霍人，他们正要去投奔蒙大拿州"坐着的公牛"，也就是苏族的酋长。

我工作过的白垩层曾经是古老白垩纪海洋的一部分，而且几乎完全由微生物的残骸组成，它们之前肯定都是聚集在水中的。就在达纳(Dana)和其他人说美国没有白垩之后，劳伦斯城已故的邦恩(Bunn)博士在堪萨斯州立大学的实验室里证实了这些白垩。

当远古时代生活在这片海洋中的动物死亡或被杀之后，由于体内产生的气体的作用，它们的尸体就会漂浮在海面上，然后在这里断掉四肢或头，又在那里留下躯体或尾巴。这些脱落的肢体碎片沉到海底，被海底松软的淤泥所覆盖，最后以化石的形式保存在那里，而

沉积岩则不断上升到海平面以上 3000 英尺的地方。

我的探险开始于洛根县的朴树溪，从溪口一直到它的源头，每一寸裸露的白垩我都仔细检查过。然后，我考察了河流和沿着分界侧翼切入河流排水区域的峡谷。

我想，如果我描述一下自己在这个南部山脉的狭长峡谷中一天的生活，那么，肯定会引起读者们的兴趣。

无论何时，如果人们想要取得任何成就，就必须有一定的舒适感，也就是说，他们不能过度饥饿、口渴或困倦。如果出现上述情况中的任何一种，他们的思想就会沉浸于不适感之中，结果就会一事无成，就像一个饥饿的男孩不停地把头转向太阳，想着是不是快到吃晚饭的时间了，他就不可能好好锄地。因此，我工作的第一步是寻找到水源和扎营的地点。

我常常不知道在哪里有水，我必须像寻找化石一样仔细地寻找水源。所以，当马夫驾着马车跟在我后面的时候，我一边找水，一边寻找化石。

溪谷两边分布着米黄色或黄色的白垩。有时数百英尺的岩石被完全剥落，切割成横向的沟壑、山脊和土丘，或雕刻成塔和方尖碑。有时它看起来像一个破败的城市，有着摇摇欲坠的墙壁，只有近距离的接触才能让人们相信，这只是大自然喜欢频繁模仿的又一个例证。

除了一种沙漠灌木之外，白垩层完全没有植被。沙漠灌木在裂石中找到了立足点，并把它的根延伸到每一道裂缝中。这种灌木是化石猎人最大的敌人之一。它们的根扎进岩石的裂缝里，寻找保存在岩石中的骨骼化石，然后逐渐把它们完全吃掉，这些灌木就是通过牺牲骨骼化石才得以茁壮成长的。这种植物对精美脊椎动物化石的破坏比岩石的自然剥蚀或人为的破坏还要多，尽管后两者是破坏化石的重要因素。然而，在以前，并没有好奇的猎人去挖掘这些珍贵的文物，所以它们比现在更加丰富。

在这段时间里，我一直徘徊在峡谷中寻找水源。有的峡谷只有 2 英尺宽，有 50 英尺深；有的峡谷至少有 5 英里宽，两侧却只有几英尺深。

我知道河里有水，但它离我工作的地方太远了，所以我希望能找到更近的水源。在晚饭时间，天气还是非常炎热，我感觉自己的每一个毛孔都在出汗。南方刮来一阵狂风，使得我们每个人的眼里都充满了沙尘，让人无法忍受。可还是没有水。拉车的马正饿着，车夫疯狂地向我示意要快点儿。为了缓解干裂的嘴唇和肿胀的舌头，我把一颗鹅卵石含在嘴里。有时，我也用峡谷中红浆果的酸汁来缓解口渴。

经过几个小时的寻找，我在潮湿的地面上发现了小龙虾的钻孔；接着我用下沉器精准地测量了这些钻孔与地下水之间的距离。我给威尔(Will)，也就是车夫发出信号，他赶过来挖好一口井，让人畜都得到补给。

如果总结一下我在白垩化石地里所遭受的一切苦难，缺乏良好的饮用水带来的痛苦比其他所有疾病加起来还要大。只有一次，我们在 6 个泉水附近喝到了正常的水，它们分布在 100 英里长、40 英里宽的广阔土地上。除此之外，我们在路途中只能喝碱性水，这些碱性水对人体的影响如同泻药一样，使我们的整个身体系统更加虚弱。然而，直到今天，这里整个地区的定居者也没有其他的水源可供人畜饮用，这对他们的脸庞和行走能力都造成了严重的影响。

如果我发现了一些分布在地下浅层的化石鱼或爬行动物的骨骼化石我们会搭起帐篷，在吃完羚羊肉、热饼干及喝过咖啡之后，就会拿着镐和锹返回来，然后小心翼翼地获取每一块被风化的化石碎片，追踪其残骸一直到我们找到其他骨骼所在的地方为止，也就是科学

家所说的,追踪到它们最初的岩石坟墓里。

接下来就是在烈日下的工作,当太阳光被耀眼的白垩表面反射后,会变得更加炽热。我们的镐每刨一下,会产生一团白垩的灰,然后被风吹进我们眼睛里。但是,我们怀着无限的热情继续工作着。我坐在烈日下极热的白垩上,然后用刷子专心细致地工作着。我最终使足够多的骨骼化石露出地面,就可以知道它到底是什么了。只有这样,我才能做到在凿开支撑它们的岩石的同时又不破坏化石。

在找到它们之后,如果发现它们是躺在完好坚硬的岩石里,我就会在它们周围挖出一条沟,再用镐反复敲打,这样就可以使它们所在的岩石松动。然后再用石膏或用奶油状石膏浸泡过的粗麻布绷带牢固地包裹和加固。至于那些大标本,需要纵向放置木板来保护材料,使其在运输过程中不被损坏。

就像猎人为了能把鹿角收入到他的战利品中,会跟随鹿穿过灌木丛和岩石,而忘记寒冷和饥渴一样。我们化石猎人,无论是马奇教授的团队还是我的团队,都在绵延数英里贫瘠的白垩床上寻找着我们的猎物,心甘情愿地忍受着所有的不适。

在对越来越精细的化石材料的渴望和热情的驱使下,我沿着这些沟壑和溪流,走遍了每一寸暴露在地表上的白垩,时刻期望能找到柯普教授描述的古老海蛇的完整化石骨架,或者是奇异的翼龙(Pteranodon)标本,又或者是翼展超过20英尺的无齿飞行类爬行动物化石。

我一整天都在干活,从天刚蒙蒙亮一直到这一天最后一缕阳光消失停下手头上的工作为止。我忘记了炎热、令人痛苦的干渴,忘记了一切,只记得我生命中最重要的那个目标:从这片古老海床的破碎地层中寻找到白垩纪动物群的化石遗迹。

然而,无休止的劳动使我的身体变得非常虚弱,我不幸患上了疟疾。当一阵阵剧烈颤抖袭来的时候，我觉得是命运在跟我作对。

记得有一天，当我正打寒颤时，发现了一个美丽的堪萨斯沧龙化石。柯普教授将其命名为克里特斯塔特(Clidastes tortor)，因为在它的脊椎上有一组附加的关节使得它能够卷起来。它的头在中间，骨架围绕着它，而它的四翼则从四个方向分别伸展出来。这个化石被只有几英寸厚的白垩覆盖着。

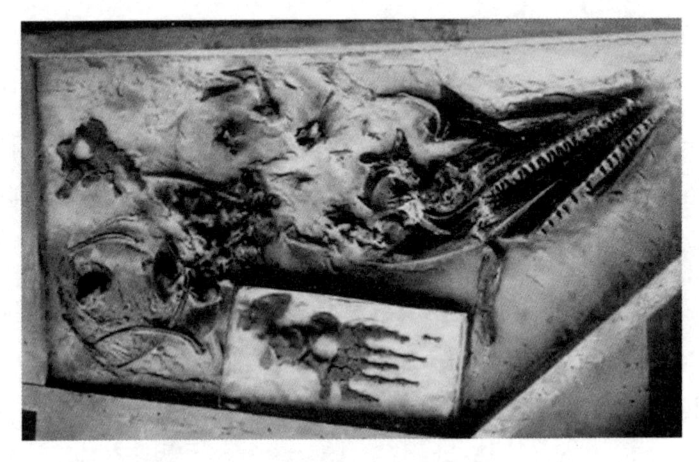

图 7 克里特斯塔特的头骨和前肢的化石

由斯腾伯格采集，现在卡内基博物馆内

我忘记了病痛，向周围的荒野喊道："感谢上帝！感谢上帝！"我慢慢刷去外面粉末状的白垩，使这个属于爬行时代的动物的魅力全部展露出来。它像蛇一样的尾巴和它在世时灵活的姿态使柯普教授以为它是一条真正的蛇，并将其归入他的"帕松诺玛发"(Pythonomorpha)科。

我清楚地记得那次带着这个标本穿过高低不平的草地到车站的可怕旅程。我又患上了疟疾，当我在马车上颠簸的时候，感觉头都要炸了。不过我并不在意，最终把我心爱的化石交给了柯普教授。

第二年冬天，当这个化石骨架陈列在费城的圣乔治大厅展示平台上的时候，我觉得自己的病痛得到了回报。柯普教授在那里对着全神贯注的听众讲了一个小时，向他们展示了在地球早期就已经存在的那些生物的奇妙之处。然而，柯普教授的演讲总是结束得很突然，在这次演讲刚结束的时候，他转向我落座的地方，向我招手。他慢慢走向我，然后让我面向观众，说道："女士们，先生们，请允许我向大家介绍斯腾伯格先生，正是他发现了这些白垩纪动物群的美丽标本。"

他为大家给我的热烈掌声感到由衷的高兴。

这件事也说明了柯普教授的一个特点，这个特点使他受到所有化石采集家的喜爱。他并不认为支付给这些人的钱是用来让他们忍受所有的危险和苦难，并且远离他们的朋友和文明带来的舒适感。相反，他在他所有的出版物中都赞扬他们发现了新物种。对于采集家来说，这是一件至关重要的事情——至少对于真正的采集家来说是如此，因为他认为自己的劳动是无法用金钱来衡量的。所有为科学所做的工作都高于金钱的价值。如果勒斯奎乐博士一直当钟表匠的话，他现在可能已经赚了很多钱；而柯普教授如果进入他父亲的公司当一名船主，他也会获得很大一笔财产。但是，他们都认识到有些工作的回报是无法用金钱来衡量的，他们把自己的生命献给了科学。他们永远都不会被人们遗忘。

但我们现在所做的还远远不够，所以我们继续回到了堪萨斯白垩岩床的平原和峡谷。

记得在那难忘的第一个阶段，我就有了许多艰难的经历。我们常常行进在贫瘠的土地上，经过数英里长的炎热白垩地带，却没有得到有价值的东西。也许在一个地方，遗迹可能非常丰富，而在另一个地方，也许从外观上看好像很有希望，但是几千英亩的土地完全是贫瘠的。我们只有把每个地方都考查一遍之后，才会知道自己的付出是否值得。

有一次，经过两个星期的努力，我们把车开进了一个很深的峡谷，进入了靠近纪念碑岩的上白垩层或淡红色白垩层，那里的化石比东边的黄色或白色岩层丰富得多。

刚搭好帐篷，我发现自己是第一个来到这个峡谷的化石猎人，这里的化石遗迹非常丰富。我在一个低矮的小丘里发现了两个只有3英寸长的白垩隔开的化石标本，分别是板踝龙标本和堪萨斯沧龙标本。

与此同时，一场让人不舒服的冷雨开始降落，而当威尔告诉我们已经没有了食物的时候，我很泄气。这里有足够多的玉米可以喂马，但是没有咖啡、面粉、培根或罐头食品，甚至连羚羊也没有，而我们离补给基地还有40英里。但是，在采集到化石之前，我是不会离开这里的。因为我担心对手会趁我不在的时候来到这个“理想黄金国”，把我的化石都带走。所以我让厨师烤一罐玉米，我们就用它来做饭。事实上，我们的口袋里都装满了烤玉米，靠它生活了三天，以保持充足的体力。

我们一直依靠布法罗小木片来获取燃料，在那个时候，即使是布法罗小木片也要到处去收集。但幸运的是，我们在这里发现了一棵老死的杨树，这在该地区是非常罕见的，那里河岸上的柳树都很矮小。要不是那棵死杨树，我们早就遭殃了。

我们一直都待在那里，直到把800磅[①]的脊椎动物化石装上马车。

在整个夏天，我都在用刀将标本从白垩层中剥离下来，结果不小

① 磅：英美制质量单位，1磅约合0.4536千克。

心划伤了手掌,导致手上长出了一个瘘管,接着十天来我睡得很少,也不能正常干活。

最后,由于繁重的工作和不断发作的疟疾,我感到自己的体力正在衰退,于是打电话给柯普教授,请他帮我找一个助手。他给我派来了来自怀俄明州伊里格斯牧场的艾萨克(J. C. Isaac),但条件并没有改善多少,艾萨克先生看到他的5个同伴被一群掠夺成性的印第安人打死并被剥去头皮,他自己多亏那匹迅捷的马才得以幸免于难。因此,他每看到一处灌木丛,都会觉得它后面有一个印第安人。尽管我以前从未害怕过,即使是在得知有一大群进行攻击的人经过我的营地的时候,但是这时,由于我已经疲惫不堪,所以也被他的恐惧感染了。

当我发现自己已经无法摆脱这种精神状态,无法继续为柯普教授工作的时候,我就写了封信给他。柯普教授让我和艾萨克先生先回家休息,然后在奥马哈与他见面。

在回归文明社会之前,请读者和我一起来体验另一次在堪萨斯白垩床的探险。我们脚下不是一片干旱的、没有树木的平原,而是一片覆盖着矮草的亚热带海洋。沿海岸和河口是长满了木兰、桦树、黄樟和无花果的大森林,而广阔的蓝色海洋则一直向南延伸着。

但是,你可能会问:“在那个隐蔽的海湾里,水面上的那只动物究竟是什么?”

看一下吧!它抬起长长的圆锥形的头,这个头长4英尺,牢牢地固定在有着7节强壮脊椎骨的脖子上。强大的头部上长着一张长长的像骨头一样的嘴,形状也是锥形的。脖子后面有23个宽阔的脊椎骨,其次是6个“臀”,正如威利斯顿博士所说的那样,后拱门和侧翼都附着在其上。它的身上长着一条鳗鱼状尾巴,这条尾巴由超过八十多条的小尾巴组成,每一条都由它上面的脊柱和在它下方被称为“V

形臂章”的V形骨支撑着，这样，这种类蜥蜴爬行动物的垂直切面就有着和钻石一样的形状。

图8　克里特斯塔特的化石骨架

在美国自然历史博物馆内

但是你看，一个在远处的敌人正在吸引着这只爬行动物的注意。它开始挥动4只强大的侧翼，并伸出分叉的舌头，一边向前吐着舌头，一边发出嘶嘶声，这是它发动攻击前的表现。它柔韧的躯体和长长的鳗鱼状的尾巴开始像蛇一样蜿蜒运动，然后这只三十多英尺长的巨大动物在水里以越来越快的速度向前冲去，不断有泡沫从两边冒出来，在后面久久地留下汩汩声。

这只巨大的动物以快艇般的冲击力撞击对手，用它强有力的角刺穿对方的心脏和肺部，在水面上留下一具流血的残骸。然后，它抬起头和前翼，腾空而起，轻蔑地看着它统治着的整个动物世界。

现在，在纽约的美国自然历史博物馆有一个珍贵的硬鼻海王龙化石模型，它像一块嵌板一样被镶嵌在墙壁上(如图9所示)，再往下，是我在洛根县的巴特克里克发现的与它同属一物种的动物的一个漂亮头骨化石，图10是该物种的还原图。

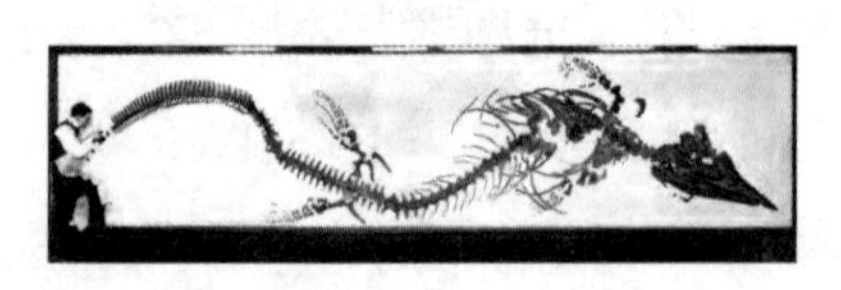

图9　硬鼻海王龙的化石骨架

在美国自然历史博物馆内

图 10　由奥斯本和奈特还原的硬鼻海王龙戴斯佩罗

此图来自美国自然历史博物馆

毫无疑问,我们化石猎人在白垩纪奈厄布拉勒组的白垩中发现许多甲虫动物的化石都被这些长着硬鼻子的“蜥蜴”弄碎了。

堪萨斯州有三种沧龙,就像著名的法国人居维叶(Cuvier)在1808 年给它们命名的一样。“沧龙”这个词的字面意思是默兹河的爬行动物,这是因为第一个沧龙标本是在默兹河马斯特里赫特市地下的采石场中被发现的。为了这些信息,也为了更多关于堪萨斯沧龙解剖的知识,我要感谢威利斯顿博士,他在《堪萨斯大学地质调查》(*University Geological Survey of Kansas*)第四卷《古生物学》(*Paleontology*)第一部分中有出色的论述。当然,大部分相关知识是从我自己收集到的几百个标本中学得的。

其中包括 4 个特别好的长有扁平腕部的板踝龙化石标本,它们几乎是完整的。我把其中一个送到爱荷华州立大学,它的头、脊椎和四肢基本都在原位,而且还带着天然白垩床。这个 18 英尺长的大家伙肯定是被深深地沉没在海底黏滑的泥土之中,就连在它胃里形成的气体都无法使它的身体漂浮到海面上。我把第二个标本送给了伦敦的英国自然历史博物馆，第三个标本送到巴伐利亚的慕尼黑，第四个标本则送到位于德国希尔德斯海姆的罗默博物馆。

最后一个标本是我自1907年以来在堪萨斯白垩采集化石中最好的一个。它有25英尺长，不幸的是，除了头骨、下颚和一些骨头之外，它头部的其他骨骼都被冲走了。这个标本最引人注目的是它有完整的软胸骨，在我的经历中，第一次看到这样完整的带有软肋骨的软胸骨化石，这是非常罕见的。美国自然历史博物馆的奥斯本博士首次在伯恩标本中描述了它们。

这个名叫扁掌龙的沧龙是已知的沧龙中最常见的物种，差不多和海王龙一样大。然而，它短而强壮的双翼和坚硬的嘴巴又不同于后者。图11中的头骨化石是一个很好的标本，它也是我的发现之一，它被堪萨斯州立大学自然历史系的邦克先生安放在本校中。我从来没有见过一个比它更完整或比它能更好地展示其高度的头骨化石标本，除了由堪萨斯大学收藏的小硬椎龙属维洛斯(Clidastes velox)。你会注意到它三角形的头，它强壮的骨骼向后拱着，以支撑滑轮状的

图11　长有扁平腕部的沧龙头骨化石

在堪萨斯州立大学内

方形骨。而且,它的悬肌是拉直的,不是向下弯曲以使它的凹槽贴在方形骨的圆形边缘上。这是由于它像其他所有的化石一样,受到巨大的压力而变平或扭曲。在这种压力作用下,它头上眼圈以下的部位开始呈圆锥形向前凸出,最后变成坚硬的嘴。权威人士认为,它用其最快的速度进行的一次撞击就足以让对手失去控制。

但它是如何进食的呢?当它所有的牙齿都被控制住时,它是用什么咀嚼的?还有,在没有手指或爪,而只有脆弱双翼的情况下,它是如何抓住猎物的呢?

为了回答这些问题,我们先描述一下沧龙的两个特征,这使我们能够将它与其他爬行动物区分开。

如果你仔细看一下这张照片,你就会注意到,在它的头部眼窝下面,有一排向后弯曲的牙齿。这些是翼状骨骼上的牙齿,位于口腔顶部两侧靠近咽喉的地方,它们一般有 12 个。它以强壮的下颚为支点,将猎物牢牢地咬在这些牙齿上,使猎物无法移动和逃脱。然后注意看牙骨后面的球窝关节或下颌的齿骨。当猎物经过一番蠕动和苦苦挣扎后,会被固定到上牙的位置,中央关节的扩展缩短了下颌骨,猎物就这样被强行吞进了喉咙中。

正如其名称所示的那样,这些堪萨斯沧龙中的硬椎龙都非常敏捷。它们拥有美丽而坚固的骨骼,所以它们遭受的压力比其他任何化石脊椎动物都要小。由于各种材料的堆叠,更重要的是,由于向上的推力,使得它们的埋藏地点上升到海平面以上 3000 英尺的地方。

我把一个非常美丽的硬椎龙化石标本送到了瓦萨尔学院,它非常的完整,事实上,它可以被做成样本装裱起来。

我认为没有一位艺术家能够像卡内基博物馆的西德尼·普伦蒂斯(Sidney Prentice)先生那样,充分地欣赏这些爬行动物在活着时所拥有的美丽。他的堪萨斯沧龙的还原图被应用到威利斯顿(S. W.

Williston)博士的作品中,(如图 12-*b* 所示),他确实赋予了这些古白垩纪海洋的居住者生命。从科学的角度来看,我相信就算是对沧龙的化石骨架有过一番仔细研究的人,也找不出他的还原图里有什么错误。

a　　　*b*　　　*c*

a:犹因他海百合受索利斯　*b*:硬椎龙威洛克斯　*c*:奥尼斯特玛鱼

图 12　堪萨斯白垩纪动物的复原图

经威利斯顿修复之后,由 S. 普伦蒂斯绘制

在这一点上,同样表现在被我送到卡内基博物馆的那个保存完好的头骨化石上。这个标本显示了一个完整头部的侧面,包括下颚和上颌,牙齿也像活着的时候一样完美地交错着。眼球周围的僵硬骨头也在它原来的位置上。

白垩纪海洋水下的生活是非常壮观的。鱼群无处不在,而且化石标本被发现的时候,鱼鳞被风吹起,碎成尘埃,分散到四面八方。

在早期最常见的骨骼化石中,有一种巨大的鱼,它们的脊椎头和下巴的化石碎片被发现,且数目较多,但还没有人找到过它的一个完

整的化石标本。曾经论述过这种鱼的柯普教授把它命名为“波透斯莫乐思”(Portheus molossns)。我在罗根县的罗宾逊农场得到了一个很好的标本,在一个长满草的小斜坡,它躺在一小片裸露的白垩上,距离农场建筑仅一步之遥。当时我的儿子乔治是我的助理,我们是在 11 月份获得这个化石标本的。我们寄宿的地方在 5 英里之外,每天晚上地上都结满了坚冰,可我们还是意志坚定地去工作。

我们发现了化石的头部和躯干部分,但是许多肋骨和脊椎不见了。我们用一块巨大的石膏板把头部和前鳍固定起来,因为它们所在的白垩在霜冻的影响下已经解体了。当时暴风肆虐,为了使这块石膏板保持完整,乔治不得不到远处的一个水箱里取水。我至今还记得那个场面,这个男孩提着两桶水跑来跑去,尽力不让桶里的水因肆虐的狂风洒出来,狂风几乎要将他的外套撕裂。我站在那里喊着:“快点儿!石膏就要硬化了!”

剩下的脊柱,一直到尾巴,我们将它们分开采集起来,当我们看到巨大的尾鳍和许多尾椎骨跟它们的脊柱一起出现且被嵌在固体白垩中的时候,我们移除了盖在它上面的 5 英尺的岩石,在包含着骨骼的石膏板周围挖了一道沟,然后掘出它下面的土将它拿起来。

接下来又出现了一个大问题。包含头的那部分重六百多磅,尾巴那部分差不多也同样重。而后者在我们将它运到帐篷之前就冻住了。我们在帐篷内一直烧着火,以防止冰冻带来的恶劣影响。在这里,我要向那些花费时间和精力协助处理这些巨大化石的农场工人表示感谢。

把它们用细刨花包裹着装在坚固的盒子里,我们先用石块和土壤制作了一个水平的平台,用来放置这些化石标本,之后我们在平台旁边准备了一辆货车。然后我们将箱子放在平台边缘,并在板子和滚轮的帮助下将箱子装进马车，运到 30 英里外的铁路旁。

但是，这个化石标本带给我的麻烦还没有结束，恰恰相反，才刚刚开始。当我们把包含着头的那部分抬起来放到实验室里的一个桌子上的时候，它掉了下来，而且由于它太重了，它的头部和下面用来保护的石膏都被摔碎了。

之后的整个冬天，我试图弄干标本，以便清洁和准备装运。大量栖居在实验室墙壁上的老鼠不断地把那些用来保护标本的麸皮和细刨花扯出来，从而导致石膏破碎，里面的化石标本开始不断下沉，因为垫在下面的填充物被抽走了。

为了想出一些拯救标本使它们免遭破坏的办法，我想到可以把一些不同长度的木钉推到破碎的碎片下，把它们推到自己原来的位置并牢牢地固定在那里。我把它们底下的所有细刨花都拿出来，然后在包括用来固定住所有破碎化石标本的石膏在内的整个东西周围做了一个木框架。

在这个样本中，我第一次发现了一列完整的含有 85 根椎骨的脊柱，这是一项非常重要的发现，因为这些椎骨的大小几乎完全相同，在恢复不完整的标本时，人们无法估计它们有多少根，而在这种情况下，有可能无限制地添加它们，欧洲就有个人为他的泽沟鲸(Zeuglodon)标本添加了非常多的椎骨。

现在我的这个著名的化石标本被安放在美国自然历史博物馆古生物学大厅的走廊上，位于伯恩海王龙(Bourne Tylosaur)上方，亨利·费尔菲尔德·奥斯本博士在他的报告中写道："在这里要初次描述一下这个珍贵的标本，另外查尔斯· H. 斯腾伯格先生也为脊椎动物古生物学提供了许多服务，这是他 1900 年在堪萨斯州罗根县靠近艾喀德的地方发现的，最初的标本可能是完整的，但骨架的一部分，特别是肋骨和脊

柱由于遭到以前探险者的破坏,有些部分已经不见了。1901年,博物馆买下了这条鱼的化石,并在作者的指导和安德森(A. E. Anderson)的协助下,由亚当 · 赫尔曼(Adam Hermann)安装起来并做了部分修复。从尾尖到前颌骨的正上方总长度为15英尺8英寸,头骨长度为2英尺2英寸,尾巴长度为3英尺9英寸(如图13所示)。”

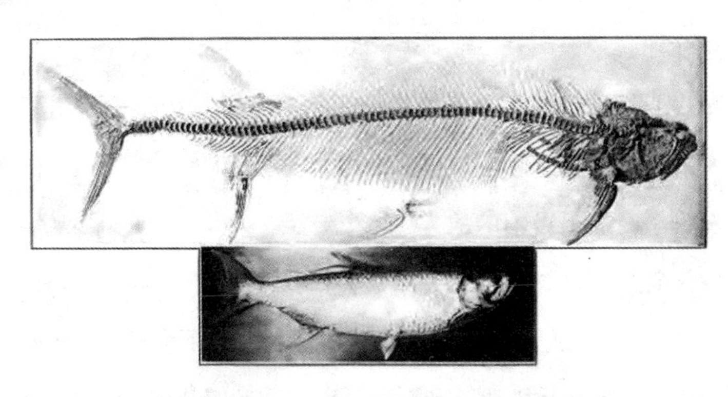

图13　巨型白垩纪鱼剑射鱼化石“波西尔斯莫罗索斯”(上)与6英尺高的现代大海鲢(下)对比

美国自然历史博物馆供图

据说在它被安装的时候,这种白垩纪的肉食性鱼类成为世界上所有博物馆中最引人注目的鱼类化石。然而,从那天之后,还有一个更好的化石标本被送到了卡内基博物馆。这个标本远胜于美国自然历史博物馆的那一个,而且其肋骨、脊柱、腹鳍和臀鳍均在最初的位置上。

在保护标本这方面,如果我没有给我的朋友,同时也是古生物学爱好者伯恩(W. O. Bourne)先生应得的赞誉,那将是一种极大的不公。他的名字已经出现在美国自然历史博物馆内与海王龙有关的页面上。他发现了这条美丽的鱼化石,然后几乎是翻了一座小山把它藏起来。最后他好心地把它的位置给了我,经过多次挖掘,我儿子终于找到了它的踪迹。伯恩先生将它藏起来是一个十分明智的做法,这样不仅帮它隔绝了各种元素,还隔绝了人类,因为人类常常会出于好奇心而摧毁那些珍贵的具有创造力的东西。在结束之前我会提到一两个人的名字作为反面教材。

"它的骨骼化石现在保存在卡内基博物馆。但是,让我们赐予这条鱼生命吧!"

现在我们回到两条沧龙给我们表演激战的地方。看那涟漪!这是由一群鲭鱼蹿向一个 5 英尺深的浅水时引起的。它们在逃命,因为它们看到了身后最可怕的敌人:一条长着牛头犬一样的嘴的怪物鱼。怪物鱼长着 3 英寸长的巨大尖牙,还有两排可怕的牙齿,一排在上面,另一排在下面,构成了它的防卫器官。它巨大的下颚长 14 英寸,深 4 英寸,在一个支点上移动,当它们放下下颚来捕获这些小鱼的时候,这些牙齿像带着虎钳般的力量合上了。被压碎的、残缺不全的残骸会通过一个巨大的喉咙被吞食下去,以满足它贪婪的胃。

它强大的前鳍上有一根在胸骨弓关节上移动的长骨,这是一根长长的弯曲的实心骨,它的表面覆盖着珐琅,比骑兵的剑还要强大。这把"单刃剑"有 3 英尺长,令它的敌人大蜥蜴和堪萨斯沧龙望而生畏。这种鱼只需要游到一个正在睡觉的爬行动物的腹部附近,将这把"单刃剑"打开几英尺然后发动突然的一击就可以了。如果这还不够的话,那就用它那将近 4 英尺长的尾巴强力拍打一下猎物,就可以完成最后一击。

快看!随着大鱼越来越近,越来越多的小鱼掉进了它可怕的下颚。它肯定饿坏了,它是如此渴望猎物,以至它似乎没有意识到潮汐已经转向并向外移动。它终于发现了危险并开始转向,但是已经太

晚了。潮水都退回去了，它只能留在浅水处挣扎着呼吸。它用尾巴疯狂地乱拍，它的分泌物的黏性使它被越来越厚的泥和黏液包裹着，直到它停止挣扎为止。

斗转星移，古老的海洋消失了，我和乔治站在海拔 3000 英尺以上的罗根县的海溪上，在剥蚀的白垩岩废墟中，我们在烈日下用镐和锹挖着，将它那巨大的尸首带到了阳光下。

第三章

和柯普教授一起去晚白垩世的贫瘠之地探险（1876 年）

1876 年 8 月 1 日，我和艾萨克先生在奥马哈等待柯普教授从费城的到来。

我们在车站碰面时，柯普教授惊奇地看着我，因为我正跛着腿在走路。最后，他转向艾萨克这个会骑马的人，问道："斯腾伯格先生会骑马吗？"

艾萨克回答说："我曾见过他骑着一匹没有鞍的马，在一群野马中拦住了它的母亲。"

柯普教授很满意，当我们到达蒙大拿州时，他给了我一匹脾气最坏的马。

我们在内布拉斯加州没有树木的平原上匆匆行进，随着海拔不断上升，我们到达了大分水岭的高地，进入韦伯和回声峡谷，森林因周围群山的雄伟而显得很渺小。

这是我第一次来到陡峭的悬崖和高大的群山之间，当它们一点点在我视线中展开时，我惊讶得屏住了呼吸。万能的大自然"建筑师"塑造了这些奇妙的峡谷，把这些高耸的山峰当作庄严的哨兵，守卫着它亲手创造的这一切。虽然我很快就熟悉了这些景点，但它们

从来没有让我失去敬畏感,即使我每天都在凝视这仲夏时节就有积雪在上面闪闪发光的峡谷和辽阔的落基山脉。

我们有幸与柯普太太一路同行,直到奥格登,我们三个男人才乘坐窄轨铁路前往爱达荷州的富兰克林。我所经历过的最令人不安的旅程就在这里等待着我们:在康科德车厢 600 英里外,穿过爱达荷州干燥贫瘠的平原。我们的 6 匹马扬起了一片灰尘,然后飞进了我们的眼睛和耳朵。同时,这些灰尘还穿过我们的衣服,黏在我们每一个毛孔渗出的汗水上,很快就让我们看起来像得了黄疸一样。

我无法描述这次可怕旅程所带来的不适。我们不分昼夜每小时走 10 英里,只有在吃饭的时候才停下来。一顿饭要花费我们每人 1 美元,它包括热苏打饼干、黑咖啡、培根和芥末,却没有黄油、牛奶、鸡蛋。由于睡眠不足而疲惫不堪,我们会打一会儿瞌睡,这时如果遇到路坑,车厢突然倾斜,我们的头就会撞到车窗或邻座人的头上。有一次,当教授因睡眠不足而筋疲力尽地睡着时,我把他的头抱在怀里并一直保持着这个姿势,以便可以让他休息几个小时。在这里,我要感谢那些经常把司机旁边的位置让给我的乘客,因为在那里,我可以用皮革围裙固定住自己,美美地睡了一觉。

当我们到达山顶时,美丽的风景和尘埃的消失使这段旅程终于变得慢慢美好起来了,但是我们必须一直沿着陡峭的斜坡往上走。

我们在赫勒拿休息了几天。卡斯特(Custer)和至死跟随他的那些勇敢的人的消息刚刚从战场传到这里。酒店的老板给我们读了一封卡斯特在进入死亡山谷之前写的信。我记得其中有这样一句话:"我们找到了印第安人,并且正在追捕他们,我们可能不会活着回来了。"

所有人都兴奋不已,有人强烈建议柯普教授不要犯傻进入苏族人和他们的宿敌克劳人之间的中间地带。任何一个部落都可能会杀死我们，并将我们的死亡归咎于另一个部落。

然而，柯普教授认为现在正是我们进入这个地区的时候，因为每个健全的苏族男人肯定已经同酋长的那些勇士们在一起了，而他们的女人和孩子应该正躲在山里的某个地方。他认为在苏族人被那些由特里（Terry）和克鲁克（Crook）聚集起来做最后反抗的士兵驱赶至北方之前，那里对我们来说没有任何危险。

依柯普教授过去的经验看，我们应该有将近三个月的时间来安心做我们的采集工作。他说，一旦我们得知这位伟大的酋长为了安全要被迫穿越甜草山脉进入阿西尼博亚逃往英国，我们就离开这里。

事实证明他的判断是对的。11月，当一场暴风雪覆盖了化石地和供马吃草的草地时，酋长放弃了抵抗寒冷和警察，退回到一块对他们来说更有利的土地上。

我们在本顿堡发现了一个当时典型的边境小镇，街道铺有扑克牌，在露天酒吧和杂货铺中均有威士忌出售。在我们逗留赫勒拿期间，因为我们在国外已经小有名气，教授没花高价就买到了一件衣服。虽然之前他们没有一个人认识他，但他们都把他当作自己人。

最后，柯普教授为我们的马车弄来了4匹马。由于拉车的是疲惫不堪的野马，我们不得不经常鞭打它们好让它们继续工作。其中一匹4岁的领头马，它会突然止步不前，或者用它的前蹄去踢所有它能够得着的人，我们先后将它打倒在地上好几次，它才变乖。另外一匹领头马，我们称之为“老少校”，它有钢铁般的忠诚，常常挽救局面。尽管它不得不与一些糟糕的同伴一起工作，但它还是认真地履行着自己的职责。

一天晚上，我和艾萨克先生睡在城外，用新绳子拴住拉马车的4匹马和另外3匹马。半夜，我们听到一个动物在呻吟，就冲了出来，发现那匹4岁的马被绳子勒伤了。我们不得不把它的绳子松开，扶它站

起来,然后给它包扎伤口。虽然它第二天就能走了,但是这个意外也并非没有一点影响,因为它在之后的一段里时间很疼,没有像之前那么野了。

我们驾车来到了克拉格特对面的朱迪斯河口,一名印第安商人开了一家店并用栅栏围了起来,我们在这里进入了营地。河对岸是2000名克劳印第安人的住处,他们正准备在这个地方进行一年一度的水牛狩猎,而且在进行这个有关生计的打猎游戏的同时,苏族人和克劳人都已经在那里藏好了斧子。

艾萨克先生对印第安人仍心有余悸,他坚持认为我们必须通过轮流站岗来保护营地。为了安抚他,我同意了这个要求。第一轮由我来站岗,第二轮是艾萨克先生。

我有幸能与教授分享他的帐篷,正当我们休息的时候,突然听到艾萨克先生喊“站住”。我们往外一看,原来一个印第安人正在接近我们,后面跟着他的妻子,月光下他们的形态格外清楚。

“站住！站住!”艾萨克叫道,同时他举起了枪。但是这个印第安人还是继续前进,他忠诚的妻子一直跟着他,他不断朝枪口前进,且反复说:“我是好人！我是好人!”

柯普教授穿好衣服走了出去,发现印第安人误认为我们是非法的威士忌经销商,他们是来找我们买威士忌的。教授叫他们睡在马车下面,等天亮了再回去,他们还邀请了6个首领来和我们共进早餐。

这两个印第安人按照我们的指示躺下睡着了,当他们开始打呼噜时,艾萨克的站岗就结束了。艾萨克走到马车边叫醒了行动迟缓的胖厨师,厨师胖胖的脸颊让教授相信他的食欲很好。柯普教授聘请的侦探现在并不在这里,这个侦探和厨师一样,要求提前支付工资。

经过艾萨克一阵咆哮,厨师终于起来了。他想起他把鞋子放在马车下面了,于是他走向马车,然后看到了睡着的人。他二话不说直接用双手抓起他们肮脏的毯子，把它们扔了。之后，他又继续找他的鞋子。

凌晨四点钟，轮到柯普教授站岗了。虽然他已经醒了，但是由于斯宾塞卡宾枪在他的行李箱的最底部，或者，他认为自己是印第安人的“朋友”，而且他不相信战争，所以拒绝起来站岗。就这样，我们在没有警卫的情况下平安地睡了一夜。

早餐前，按照柯普教授的习惯，他会在一盆水中洗他的假牙，这时，6 个健壮的酋长组成的队伍排成一列大步走了过来。

柯普教授迅速地把假牙放到嘴里，笑着迎接他的客人，这些人整齐地喊道：“再做一次！再做一次！”他一次次地为他们重复着刚才的动作，这让他们感到很神秘。

在他们多次尝试把对方的牙齿弄下来却失败之后，他们终于停下来吃早餐了。厨师倒了咖啡给他们喝，让他们吃饱喝足。

我们不知道这样款待他们对我们是否有好处，因为之后整个部落都去继续他们的水牛狩猎了，我们也没再见到他们，但他们的酋长很可能禁止他们在我们的营地偷窃，因此我们并没丢失任何东西。

我们穿越密苏里河，这里有清澈的小溪和波光粼粼的朱迪斯河，然后进入狭窄的溪谷中的营地，来到目前这片化石领域，开始这次充满危险的探索。

我们仿佛进入了这片贫瘠土地上的一个个迷宫。我们上方有 1200 英尺的裸露岩石，当时柯普教授认为它们属于某些岩层。这种岩石由黑色页岩组成，表面分解成细小的黑色粉尘。较低的平面包含有许多褐煤床，这是一种很好的软煤，并且很容易燃烧。我们沿着峡谷往前走，终于发现了 4 英尺厚的化石床。这时，我们要做的所有事情就是赶车到悬崖上方，并在几分钟内把它们装到马车上。

天一亮，我们吃完早餐就出发了。我们把镐绑在马鞍上，我们的

采集袋在马鞍的鞍桥边晃来晃去,马鞍袋里装着我们的午餐:冰冷的培根和硬面包。

我经常骑行在柯普教授旁边。我骑的是一匹叛逆的黑色野马,它一直在试图重新获得自由。唯一能够控制它的方法就是使用一个几乎能把它的嘴巴撕成碎片的马嚼子。我的右耳完全聋了,所以当我们需要并排走的时候,我通常都是走在教授的右边。

他并不总是很健谈,但是当他开始谈论这个地球上那些很久以前就存在和今天仍然存在的可爱动物时,他是非常投入,在这个主题当中,以至有时候他就像说给自己听一样,双眼直视前方,一直说着,很少转向我。

我的黑色野马还是那么野。它会突然前腿离地,后腿蹬地使整个身子站立起来。当它感到戴着西班牙马嚼子的痛苦时,会把前腿放下来,然后跑到柯普教授的左侧。当柯普教授发现我不见了时,就会惊讶地问:“为什么?我一直以为你在我的右边,但是发现你却在我左边!”

每当我对教授的谈话深感兴趣而放松对缰绳的控制时,这匹马就会重复做这样的事。

在贫瘠之地的顶端是朱迪斯河的河床,通过已故的海彻教授的研究,我们知道它是属于上白垩纪的皮埃尔堡组。这里的高原和平坦的大草原为我们的马提供了大量的青草,我们用尖木桩打桩把马围住,然后进入峡谷寻找化石。我们要对松散的页岩进行一次仔细的检查,因为只有一道跟周围均匀的黑色略有不同灰色的地方,才表明这里埋藏有化石。

由于这种易碎的黑色页岩和砂岩的结构很松散,密苏里河的河床比草原的海拔低了1200英尺,使得整个地方都被一个完美的峡谷迷宫和横向山谷分割成一个沉闷的彻底荒芜的景观。

晚上，从上面看这些错综复杂的景观是令人震惊的。岩石里的黑色材料好像任何光线都无法穿过，并且黑得像乌木一般。

长长的山脊终止于垂直的悬崖，在它以下1000英尺的底部有一条河流，在这个地区延伸数英里。通常山脊被横向峡谷切割成尖的山峰或方尖的塔形山峰等多种奇妙形状。这些山脊非常狭窄，几乎不能沿着它们行走，而且山脊两侧以45度角向下倾斜。在那些已经分解的页岩的表面上行走十分困难，我们每走一步都会陷入其中，以至于我们无法很快地进入下面的峡谷。

有一天，教授让我爬到一个高耸的山顶附近的一个点上，这个点像王冠般戴在两个巨大的砂岩边缘上，有4英尺厚，它们像一些建筑的窗台一样将阳光反射在陡峭的山坡上。这些岩架相互堆叠在一起，被60英尺的页岩隔开，它们已经被风吹走了大约3英尺，所以我找到了一条较轻松的路，经过艰苦攀爬，我终于到达了下方的边缘。站在这个至高地，我可以鸟瞰这片的荒地美景，这是一个无法描绘的荒凉景象。

我的任务是在每一平方英寸覆盖着灰尘的斜坡上搜寻化石骨骼。经过一番努力，我来到了一个峡谷的源头处，从这里向下是一个垂直的断崖，高1000英尺。砂岩的上部边缘有30英尺的空间已经松散了，这块巨大的岩石有4英尺厚，带着松散的泥土，由于它的底部表面较光滑，如果斜坡上有什么东西撞击它，它就会松动并向下坠入深渊。悬崖底部的一片松树被雪崩压得面目全非。从上往下看，那些剩下的大约有50英尺高的树看起来就像幼苗，而那些巨大的岩石看起来则像鹅卵石。

我想我可以毫不费力地爬过这些光滑的地方，我推断我开始滑落时，可以用锋利的镐刨入软岩中，从而防止自己掉下去。于是，我通过这些松软的土壤爬上斜坡，一直到上层岩层的底部。当我爬到

一半时开始打滑，于是我自信地将镐全力刨向岩石。上帝保佑，接下来的恐惧让我永世难忘，我的镐刚刨到岩石就反弹回来，好像这些岩石表面被钢铁覆盖着一样，而本以为会让我很安全的镐此时在我手中就像一根稻草一样无用。我一次又一次疯狂地刨着岩石，但我还是朝着深渊的方向不断地加速滑落，我的两边都很安全，但是下面却是可怕的死亡。

我记得我放弃了所有逃跑的希望，而且经过最初的惊吓之后，我已经感觉不到死亡的恐惧了。但是在我不断下滑的那段时间里，我曾经做过或想过的一切都像我之前凝视过的悬崖和峡谷的美妙景色一样清晰地在我的脑海中出现。我生活中的所有场景，从童年开始，此刻都在以同样快乐或痛苦的情绪在我脑海中演绎着。我清楚地看到了那些我认识的人，其中许多人早已被我遗忘。在他们当中，我母亲的形象似乎最为突出，我想知道当她听说我摔成碎片时会怎么想。我甚至开始想象，当柯普教授发现我没有回到营地，他开始寻找我时，他会跟随我的脚步进入松散的土地，一直到他进入斜坡。我想知道他将如何进入峡谷，我的身体还会剩下多少可以用来埋葬。

直到今天我都不知道我是如何摆脱困境的。我突然发现自己躺在一分钟前我刚离开的那块岩石上。可能是我衣服上的灰尘在光滑的岩石表面上起到了刹车的作用。我在那里躺了一个小时，膝盖一直在颤抖着，此刻我太虚弱了，已经无法走回营地。

我的这个经历再一次说明了人类的大脑什么都不会忘记，在关键时刻刺激一下，一切都能回想起来。

我们的工作带给我们的是兴奋和危险，它经常会使我们不顾后果，柯普教授比起其他人更是如此，尽管他当时是美国古生物学家，身价上百万美元。我记得有一天晚上他沿着一头水牛的踪迹来到河边，此时他的马突然停下来，拒绝再往前走。他没有下马找原因，而

是用马刺刺了一下这匹马，然后它突然跳向空中。他后面的艾萨克先生也跟了过去。第二天，他们惊讶地发现他们已经跃过 10 英尺宽的峡谷，如果不是马敏锐的视力和强壮的力量，他们很可能会掉进 100 英尺深的峡谷且摔成碎片。

柯普教授不屈不挠的精神对我们来说也是一次又一次的奇迹。在堪萨斯白垩床上度过了艰苦的户外生活之后，我们都受到了良好的训练，然而他每天都在书房里和印刷厂工作 14 个小时，他在写一本大型政体专著。他撰写完自己的手稿，然后阅读校样。记得当我们第一次在奥马哈见到他时，他是如此虚弱，以至走路的时候左右摆动。然而，在这里，他爬上了最高的悬崖，沿着最危险的岩层行走，从早到晚，没有间歇地工作着。

每天晚上，当我们回到营地时发现厨师已经做好了饭。我们都又累又渴，因为一整天都没喝水(贫瘠之地的所有水都像泻盐一样)。我们坐下来吃蛋糕和馅饼以及其他可口但难以消化的食物。然后，我们上床睡觉，而且教授入睡后很快就会做噩梦:每一只我们在白天发现其痕迹的动物在晚上都会来与他玩耍，将他抛向空中，踢他，践踏他。

当我叫醒他时，他会亲切地感谢我，然后躺下来开始做另一个噩梦。有时，他大半个夜晚都处于这种令人疲惫不堪的睡眠状态中。但是第二天早上他照样早起领导这个团队，尽管他是晚上最后一个睡觉的人。

他的记忆力和想象力也非同寻常。他过去常常与我交谈多个小时，按照系统的顺序排列出地球上活着的和死去的动物，说出无数的科学名称及其定义。这些名字我一听就忘记了，但他对造物主创造的奇迹所表现出来的那种爱心和尊重对我产生了巨大的影响。如果我曾对上帝创造的任何生物产生厌恶或恐惧，那么我就会对这些动物失去兴趣，也不会发现它们的美，就像这位自然主义大师告诉我，

他即使在蜥蜴和蛇身上都能发现美。他相信，并让我也相信，肆意摧毁生命，包括任何一条生命都是一种犯罪行为。当然，自我保护是第一自然法则。为了生存，我们不得不杀死我们的敌人，保护我们的朋友。为什么当一些可怜的小花纹蛇从地窖中被拖出去并被切成碎片的时候，有些人会高兴呢？要知道这些小花纹蛇是像一个朋友那样进入地窖帮人们消灭老鼠的呀！当我想到人们就这样残酷地夺走生命，并且永远都无法偿还的时候，我的心就像在滴血。我跟伟大的柯普教授一样反对这种罪行，这种罪行消灭了很多美丽而且对我们有益的朋友。当一个人肆意破坏我们的工作时，他就没有资格说他爱我们，没有人会喜欢一个肆意摧毁生命的人。

我们在狗溪逗留期间没有找到任何动物化石的完整标本，但是在贫瘠之地的山顶附近，在黄色砂岩床下，我们发现了分散的恐龙骨骼和牙齿化石，那些可怕的蜥蜴的脚步曾经震动了大地。现在，它们的代表是堪萨斯州中部的小角蟾蜍。在这些化石碎片中包括特里奥尼克斯(Trionyx)和阿多库斯(Adocus)海龟那雕刻般精美的龟壳碎片，以及那些奇怪的糙齿龙(Trachodon)的残骸(图14-a)，它们的牙齿堆积在牙龈里，一颗挨着一颗，这样当老牙齿磨损时，就有其他牙齿取代它的位置。

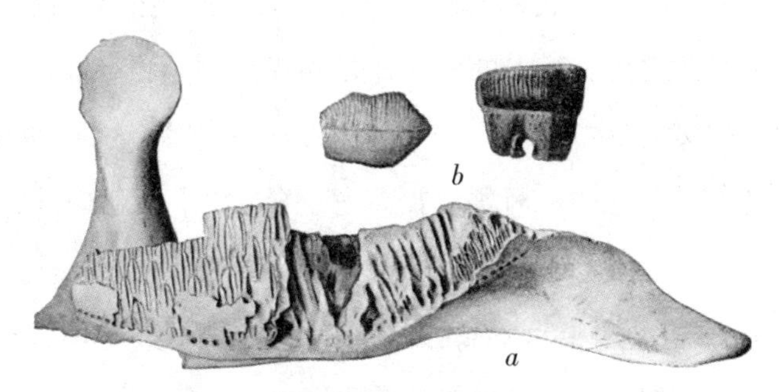

图14　*a*：缘边糙齿龙的下颌，出现出了连续的齿层

b：美兰达辅斯牙齿的顶视图和侧视图(经由奥斯本和拉姆修复之后)

标本来自奥斯本博士和拉姆博士1902年白垩西北地区的脊椎动物对加拿大古生物学的贡献。这里展示了惊人的白垩纪恐龙来自怀俄明州(图15)。最后一种形式是由已故的马什教授修复的,现安放在耶鲁大学博物馆。这种大型食草动物用后肢站立,一条巨大的尾巴像第三条腿一样与两个后肢一起形成三脚架,它在进食时用灵活的前肢抓住树枝,然后用牙齿刮掉上面的嫩叶。

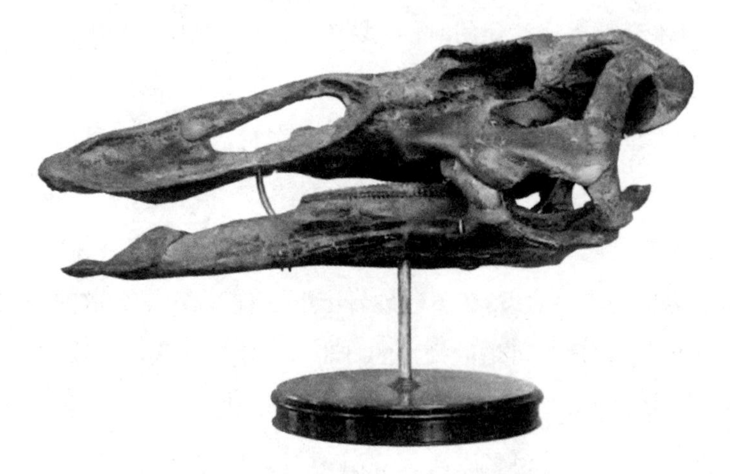

图15　双牙龙属鸭嘴龙蒂克洛尼尔斯的头骨化石

这个化石有4英尺长(在美国自然历史博物馆内),由马修拍摄

在其中一个地方,我们发现一些属于已经灭绝的射线状鱼的牙齿化石,它们就像人行道上的砖一样排列在口腔的顶部和底部,可以磨碎很多生物赖以生存的外壳。奇怪的是这些牙齿化石一边是白色的,另一边却是黑色的。柯普教授将它们称为“米利达修斯放射虫”(Myledaphus bipartitus,图14-b)。

作为长嘴鱼(gar-pike)的远古亲戚,皮齿鱼(Lepidotus)钻石状的光滑鳞片非常常见,除了已经提到的恐龙之外,还有其他几种恐龙的牙齿。

到今天,这个国家的大博物馆已经有了这些远古生物的完整或

接近完整的骨骼化石标本,它们曾经是地球上体型最大的陆地动物。在纽约的美国自然历史博物馆中,壮观的雷龙(Brontosaimis)化石标本(图 16)长达六十多英尺。没有什么比参观这些存放着古老蜥脚类恐龙化石的大厅更能激发人的想象力的了。

图 16 由奥斯本博士和奈特复原的雷龙和雷蜥蜴

此图来自美国自然历史博物馆

令我感到高兴的是,最近的权威人士奥斯本博士和拉姆博士在 1876 年对柯普教授的这些发现给予了肯定,他是继海登(Hayden)博士之后第一位有如此远见和勇气去探索化石床的科学家,海登博士在被黑脚族印第安人赶出该地区后,发现了这些化石床。事实上,只有柯普教授、艾萨克先生和我最先收集到了真正的蜥蜴化石。

柯普教授在确定狗溪上已经没有多少完整的化石骨架之后,他带着向导沿着河往下游 40 英里的牛岛走去。这里是密苏里河船只航行的起点,当时正是 10 月份,水位很低,以至汽船无法抵达本顿堡。最后一艘船要 10 月 15 日才来,它要把一船矿石和乘客运到奥马哈火车站。教授决定乘坐这艘船,所以他必须在这里等它来。

几天后,柯普教授从狗溪给我们送来了消息,让我们离开营地,按照侦察员的指示,带着所有装备去牛岛。这可不是一件容易的事。事实上,这似乎是不可能的,以前从来没有一辆马车从陡峭的山坡上下来过。不过,艾萨克先生决定执行柯普教授的命令,他把马车上的所有东西都搬下来,除了教授的箱子,这个箱子我们既无法放到马背上,也无法用手提。于是我们开始了这段旅程,前往大草原上方海拔1200英尺的地方。

我们用斧子、镐和铁锹砍树、架桥、铺路,一步一步地往上爬,直到下午,终于可以看到目的地大草原了。但在我们的前面,是山脊的一条陡峭斜坡,上面覆盖着松散的页岩,骑马都不可能通过,除非我们在它的侧面沿着一条长长的对角线爬上去。顶上的山脊也很窄,刚容得下一辆马车通过,另一侧山峰同样陡峭。

车夫拒绝再往前走,这激怒了艾萨克,他说他要自己驾车。于是他解开了领头马,然后爬上了马车,催促着那些愚蠢的野马。马车有时行进在我们原先走的那条路上,有时行进在松软的泥土里。

我很担心他和整个团队的命运,但是经验告诉我与一个愤怒的人争论是愚蠢的,所以我骑在马上,等待着结果。当不可避免的事情发生时,艾萨克已经把马车赶到高出地面30英尺的地方了。我看见马车慢慢地开始倾斜,把拉车的马拖到一边,之后整个马车和马匹开始滚下山坡。每当车轮翻转至空中时,马儿就会把腿收缩到肚子上,在下一个转弯时,它们会把腿伸直,再转下一圈。

我的心都提到嗓子眼了,担心艾萨克会在车马翻转中死掉,或者马车翻滚到1000英尺的悬崖下,但是在翻转了3圈后,他们着地了,马站了起来,马车也完好无损,就好像什么都没有发生过一样。

当看到艾萨克安然无恙时,我忍不住笑了,艾萨克告诉我,如果

我是一个聪明人,就应该自己爬上山坡。我立刻让大家把绳子系在一起,并系在马车的后车轴上,让马先单独上去。等到系着绳子的马到达山顶后,再让马从对面下去,这样就会产生拉力,可以把这边的马车拉上去。然后我们把它扶正,使它跨在山脊上,这样可以安全地被拖到平坦的大草原上。

随后,我们不得不骑马回去,把我们留在狗溪的露营装备搬到马车上。

那天下午三点钟左右,我们的侦察员穿过山麓的一个裂口从南方过来了,他在整个搬运装备的过程中都没有露面,与此同时,还有另外一个骑马的人从东方全速赶到我们这里来了。在侦察员的示意下,我们的车夫停下了马车,艾萨克和我骑坐在马鞍上休息。

第二个骑马的人是柯普教授,他飞奔到侦察员跟前,拦住了他,从两人的手势和他们不断提高的嗓门可以看出他们之间正在进行一场激烈的争论。最后,侦察员满脸通红,愁眉苦脸地走到马车跟前,一句话也不说,拿出一卷毯子和多余的衣服,向本顿堡的方向走去。

厨子跟在他后面喊,然后从马车上跳下来跟着他。当他们走远的时候,侦察员停了下来,两人开始交谈。厨子向他说起自己受到的可怜待遇,然后厨子也回到马车上,把毯子装好,扛在他宽阔的肩膀上,步行到离河以北几英里的地方,去了一个木头营房。

柯普教授走了过来告诉我们,这两个收了他三个月工钱的人已经抛弃了他,这个大草原离他的供给站还有120英里。

这名侦察兵似乎是偶然看见了酋长的战营,在密苏里河干涸的岔道难以进入的峡谷里,成千上万的士兵,和美国第七骑兵连的勇士们,在那里反抗政府。他们的营地离我们只有一天的路程,侦察员和我们的厨子觉得不能冒险,因为有可能会被印第安人抓住割去头皮。

柯普教授问我和艾萨克是否愿意承担这些由于侦察员和厨子不

光彩的行为而留下的多余的工作，我们心甘情愿地答应了，这就意味着我们将要拼命干活了。

艾萨克坐了下来，我们准备出发，但祸不单行。我们的马，虽然已经在耽搁时间那会儿休息够了，但它似乎突然要停止这场探险。它犹豫了一下，当柯普教授走到它跟前来牵它的时候，它用前腿狠狠地踢了他一下。

我想柯普教授已经忍无可忍了。先是被胆怯的厨子和侦察员遗弃，再加上当时情况下的种种不适：离开狗溪后我们就没有任何吃喝的东西了，而且在这条路线上唯一可饮用的泉水还在遥远的地方。这使得他对这匹悲惨而又顽固的马已经没有太多怜悯，他叫艾萨克把马解开，把它拴在后轮上，而我手持一根木棍上了马车，以防止它跳进来。

柯普教授一只手拿着鞭子，另一只手从马的后面伸过来，温柔地说着话来安抚它。然而，这匹马使出了全身的力气撞向他，柯普教授勉强躲过了一击，后退了几步，举起鞭子，打在马的耳后边。这匹马像闪电一样倒下，昏昏沉沉地躺了一会儿，但当它挣扎着站起来时，柯普教授又伸出手，轻声细语地说着话走近它，它再一次向教授发起了攻击。柯普教授再次把它打倒在地，尽管当它站起来的时候，教授又做了一次微弱的尝试，但是被击倒三次对它来说已经足够了。在那之后，教授每次靠近它，它都不抗拒了，它愉快地接受了教授的安抚，当它的绳子被解开的时候，它几乎是拽着柯普教授，让他跟在它后面，然后焦急地要带着我们上路了。之后它再也没有给我们惹麻烦，直到长时间的休息和充足的食物使它忘记了之前受过的惩罚，然后在某些时候又开始故伎重演。

经过 14 个小时的艰苦劳动，我们直到深夜才吃上晚饭，我们吃了培根和硬面包，然后休息了几个小时。我们把食物挂在一棵树上，让

它们远离任何可能在四处寻找面包屑或培根皮的灰熊。因为任何时候都有可能会被一些鬼鬼祟祟的动物从床上抓下来。

第二天,我们沿着环绕这片贫瘠之地的平坦大道行进。草原上长满了茂密的草,有灰熊为了寻找爱吃的野生洋蓟常常把连绵数英亩的野草连根拔起。我们还经常看到成群的鹿、麋鹿和羚羊。

有一段时间,我们行进在朱迪斯山脉的丘陵地带。当我们再次出现在广阔的平原上时,发现自己身处一个方圆100英里的巨大圆形场地。在西边,落基山脉高耸入云,气势磅礴,四周布满了深深的峡谷,在峡谷的深处,白雪在晨光中闪闪发光。南面、东面、北面是朱迪斯山脉、小落基山脉、梅迪辛博岭和熊掌山,阿西尼波亚的边界线形成了一个巨大的圆圈。好一派壮丽的景色!另外还有一件事情值得兴奋,我们的马车第一个驶过这片富饶而与世隔绝的地方,多年来这里都没有红色猎人和他们的猎物。也许这些山里很快就会回响起机车的轰鸣声,这片肥沃的土地将会滋养成千上万的生命,但在我所回忆的那些日子里,在我们40英里的旅途中没有遇到任何一个人。

又经过艰难的一天,晚上我们停留在一个短而陡峭的峡谷顶端,这条峡谷位于两个陡峭的1200英尺高的山脊间一个开阔山谷的尽头。

柯普教授告诉我们,这个山谷将在未来一段时间内会是我们的露营地,因为有一艘汽船停在这里。我把一卷毯子向山下扔了出去,让它去帮我们"找"适合作营地的地方。毯子在山谷中跳跃着,从一块圆石跳到另一块圆石,直到被一堆覆盖在平原上的仙人掌缠住,它才停下来。

除了教授的行李箱之外,我们把所有东西都卸了下来。我们把货车拉到峡谷顶部,艾萨克负责指挥,我和教授各自在马车后轴上系了一根绳子,然后把它的另一端系在一棵小树上,让马车慢慢下坡。

当绳子被抻直时，艾萨克就用石头堵住轮子，我们向前走一段距离。接着，继续把绳子绑到另一棵小树上……就这样一直重复，直到我们到达峡谷底部。随后我们把行李搬下来，把地面的仙人掌清理干净，之后搭起了帐篷。直到午夜过后很久，我们才开始坐下来吃饭。那天我们一钻进毯子里，就筋疲力尽地睡着了。

不仅仅是这段旅行，我们在这片贫瘠的土地上逗留的整个过程中，都忍受着无数黑色蚊子的折磨，它们钻进我们的衬衫袖子里，或者顺着帽子边钻进去，叮咬我们长出脓疮并且结痂。它们也会袭击马，让它们无法忍受。由于没有更好的防备用品，我们只好用熏肉油脂涂在脸上和胳膊上，还把这些讨厌的东西擦到马颈和马腹上。

骨骼化石的特点总是与它们被埋藏的岩石地的特点有关，当我们进入岩石密集的地方时，骨骼化石也是非常坚硬的。教授在这里发现了美国境内第一个很好的有角恐龙化石标本，他将这第一个物种称为独角龙(Monoclonius)。我协助"克拉苏先生"(M. crassus)挖出了它，这个物种的特征是在每个眼眶上都有一个小角，鼻骨上有一个大角。我自己也发现了两个新物种。其中一个是斯服诺塞勒斯独角龙(M. sphenocerus)，它的臀部高 6～7 英尺，根据柯普教授的说法，它包括尾巴在内的整个身长有 25 英尺。它有一个长长的扁平的鼻角，眼睛上方也有两个小角。

马什教授后来在这些相同的化石床中发现了一种类似的化石，并将它命名为"角龙蒙塔努斯(Ceratops montanus)"。

我发现的物种是在牛岛以下 3 英里处河的北侧采集的，就在教授把最后一条船弄下河之后。我们发现这些骨骼化石非常脆弱，因为它们被周围地层的隆起部分破坏了，我们不得不想出一些方法将它们固定好。我们唯一可以制成糊状物的是我们的食物——米饭。我们煮了很多米饭，直到它变得浓稠，然后，浸入面粉袋、棉布和粗麻布

片。我们用它们来加固骨骼化石并将它们固定在一起。这只是一长串实验的开始,最近我们采用的方法是用蘸有巴黎石膏的布条包扎大型化石,就像现代外科医生用绷带包扎断肢一样。

作为最早发现这些大角恐龙化石的人之一,我感到非常荣幸。它们的骨骼现在是博物馆的荣誉展品之一。

有一天,大概是10月15日,柯普教授一直焦急地等待着最后一艘汽船的到来,但最后还是决定骑马走出这片广阔的草原,到我们从狗溪过来一路看到的那些贫瘠之地。我陪着他,途中他又陷入了经常心不在焉的状态,想象着恐龙时代的大地,当时这些黑色峡谷的页岩还是海底的泥。我们都沉浸在他描述的世界里,以至于都没有察觉到时间的流逝。当我们到达牛岛以南的草原时,已经是下午时分了。

我们一到达贫瘠之地,就决定分头行动,并约好四点钟在我们留下马匹的地方见面。我遵守了约定,但是教授却不见了踪影。随着时间一点点流逝,我开始焦虑起来。我知道试图在迷宫般的峡谷和山脊间找到他是一件很愚蠢的事情,我只能等待,急切地看着迷宫的出口。

当太阳沉入落基山脉后时,柯普教授从一条狭窄的峡谷里走了出来,背着一只大山羊的头。柯普教授把它交给我,放在我的马鞍后面,把它装好后全速出发回家。我想起了中午的时候在草原上遇到的三个人,他们已经在贫瘠之地迷失了三天。我不希望我们在天黑后还要继续找路。

柯普教授快速地冲过草原,清理了几丛直径高达10英尺的仙人掌,我紧随其后。我们走了10英里的路,来到峡谷的顶端,在这里我们可以看到牛岛。

柯普教授急切地扫视了一下小车站的灯光,最后决定我们在士兵的帐篷旁边支起另一个帐篷。他确信期盼已久的汽船就在那里，并强调我们必须当晚抵达牛岛。

我知道与他钢铁般的意志做斗争是没有用的，但是我恳求他不要做出试图在黑暗中穿越这些又黑又危险的峡谷的蠢事，在那里，一个失误可能就意味着死亡。我恳求他等到天亮再找路。我们又饿又渴，只有在河边才能找到食物和水，但我觉得饿着肚子睡在马鞍毯子里，总比冒着生命危险去寻找食物要好。

他没有理会我，而是直接下马，牵着他的马进入了峡谷。他不得不砍一根木棍在前面开路，因为他无法看清眼前1英寸范围内的事物。我也砍了一根木棍敲打了一下他的马，因为这匹马不肯跟他走。

当我们走了几百英尺时，才发现教授的木棍子末端除了空气什么都没有，还听到一些石子坠落到下方深谷的声音。最终，我们不得不转身穿过厚厚的尘土爬回到山顶，然后绕着峡谷盘旋，再往下走到另一边。

我们一来到离草原4英里的河边才看到了河对岸车站的灯光，我们还以为旅程结束了。但是当我们给口渴的马儿喝足了水并开始向下朝码头走的时候，却发现有一个巨大的山脊挡住了去路，河岸上是高耸的悬崖。于是，我们不得不再走漫长而艰难的4英里回到大草原，然后重新开始行进。我得承认，我可能更愿意躺在一堆灰尘间，然后让马自己照顾自己，但是柯普教授不屈不挠的意志是不会被轻易征服的。我们重新返回峡谷，然后进入下一个峡谷。

我到现在也听说过有另一个愿意尝试这次旅程的人。这既愚蠢又毫无用处，但我们在天黑之后穿过贫瘠之地到达了牛岛，这一点目前还没有其他人做到过。

我们确实抵达牛岛了。在天亮之前到达了车站对面的着陆点，汽船果然在那里，但还有另外一件令人失望的事情在等着我们。柯

普教授大声呼喊中士,让他过来接我们,但是中士没有听出他的声音,可能中士怀疑是一些准备伏击的印第安人在叫他,于是他才拒绝回应。我们被汗水浸湿,并且迅速被沿岸上升的冷雾给冻着了,我们不得不来回走动以取暖,直到教授的声音恢复自然为止。

为了表达歉意,中士急忙派了一艘船来接我们,结果这艘船走错了,来到湍急的水流中间,他不得不去救快要被淹死的人,掌控好船只,然后再试下一次。

最后,我们终于可以在一个帐篷里取暖,那里正煮着一锅给士兵当早餐吃的豆子。我们吃得一颗豆子都没剩下,还吃了一篮子的硬面包,上面涂了 3 磅的覆盆子果酱。然后,中士把我们两个带到帐篷外面,那里有一个大的黑色篷布覆盖着金矿石,这些金矿石将被运往奥马哈的冶炼厂。他用新毯子给我们做了一个温暖的“窝”,当我们爬进去之后,他把篷布拉回原位。第二天早上九点左右,他们将篷布拉开开始装载矿石的时候,阳光刚好照在我们的身上。

柯普教授立即开始寻找船长,然后说:“我是来自费城的柯普教授,我们想出发去奥马哈。我有一辆四轮马车停在 3 英里外的汽船码头上,希望你可以在这里停一下,我需要拿一下我的装备,而且我的行李和货物也在那里。”

这个男人回答道:“先生,我是这艘船的船长,如果你想要下船,那么你必须在明天上午十点,在我前往下游航行之前就应该带着你的行李、货物在这个码头等着。”

柯普教授并未在这个问题上与他争论更多。他希望借用一下这条旧平底船,但是船的主人在听了教授与船长的谈话之后,拒绝把船借给他。于是柯普教授不得不高价买下它,然后他们才把它留了下来。我们登上这条平底船,把马留在河对岸,然后我们划船回到营地,却发现艾萨克已经离开营地去贫瘠之地找我们了。时间宝贵。

所以，尽管由于夜间的劳累，我们都已经浑身僵硬酸痛，但我们还是收起帐篷，把装备和化石装进马车里，然后把所有的东西都拖到船上去。艾萨克一到，我们就出发了。

我们骑着马过河，接下来就是“老少校”大显身手的时候了。我们把密苏里河变成了一条运河，把它的北岸变成一条牵道。我们把“老少校”拴在一根系在平底船上的绳子上。我们营地里的几个山里人用长杆把船从岸边撑开，而我则是骑着那匹大马跳入河中，直到它开始陷入泥沼，我才不得不急忙地返回岸边。柯普教授和艾萨克先生的处境最糟糕，他们必须防止绳子被树桩或岩石绊住，假如被绊住后不立即松开手的话，他们就会由于张力而被抛到河里很远的地方，然后他们又得尽快游回来。这种情况发生了很多次。

日落时分，我们站在一艘大轮船下面，甲板上挤满了正观看我们驶进的乘客。柯普教授身上从头到脚都是泥巴，身上几乎没有整齐的衣服，都是又湿又脏的破布。他忘了带冬天穿的衣服，所以，尽管夜晚很冷，女人们已经穿上毛皮大衣，男人们穿着阿尔斯特大衣，而柯普教授却只能穿着亚麻布夏装从中士的帐篷里走了出来。

不用说，在那次漫长的旅途中，柯普教授向乘客们讲授了可能比他们之前学过的多得多的自然科学知识。在某一个木屋营地，他和其他一些人上岸后发现了一个印第安克劳人的头骨。克劳人的埋葬方式是将毯子裹在尸体上，然后将其放在地上，并在尸体周围用木头建一个钉架，以防止野生动物侵袭。因此，克劳人的头骨很容易就能捡到。

柯普教授把头骨拿在手上，并开始给他开明的听众们讲解这个部落的人头盖骨的特征，这时一个有着水手体格的人朝教授走过来，他会告诉船长他们绝不允许柯普教授这样“与死者为敌”。他必须把头骨放回其坟墓，否则他们就不会继续待在船上，这样船就到不了奥马哈了。

“为什么？如果你与死者为敌，那么河里的每一个泥潭都有可能把我们困住，而且还会遇到更多意想不到的灾难。”这个人认真地说道。

除非克劳人的头骨被放回坟墓，否则他们的想法就不会有任何改变。但是柯普教授接着说：“我们大概有 12 个头骨跟化石装在一起，尽管这样，我们还是轻易地到了奥马哈，并没有发生你说的那些事情。”

柯普教授离开我们后不久，我在低于牛岛 3 英里，靠近高原基地的地方发现了之前在本章提到过的那些很好的化石标本之一，就是我之前工作的时候把我的马拴住的那个地方。有一天，当我正准备骑上马的时候，我发现它异常的安静。它的习惯是在我的脚碰到马镫时就立即开始奔跑，好让我能骑在马鞍上。这一次它却站住不动了，当我坐好发现勒马绳已经不能用了，因为这根勒马绳已经断了。

我还没来得及下马，这畜生就飞速地穿过高原朝一个几百英尺高的悬崖奔去。我稳稳地骑在马鞍上，双手紧紧抓住后面的手柄，担心它将我甩出去。当它距离悬崖边缘几英寸的地方时，突然停下了脚步。但是上帝保佑再加上我多年的骑马经验，我并没有掉下去。

我正要下马，突然马又转过身来，开始跑到另一边的悬崖上，又重复了一次刚才的举动。而且它还不满意，又开始了第三次挑衅。最后它才让我下马修补勒马绳。为了惩罚它的背叛，我强迫它沿着陡峭崎岖的道路全速前往营地。

这一章主要讲柯普教授和我一起探险，因为我们总是很匆忙，所以获得的化石标本不多，而这次探险最重要成果就是我们发现了一些新的恐龙化石标本，尤其是它的牙齿化石。

11 月初，一场暴风雪袭来，看来整个地区将被大雪覆盖，于是我们打包了行李，向本顿堡出发。中士也跟我们一起走，后来事实证明我们幸好能与他在一起。因为有一天晚上，当我们在熊掌山露营的时候，我们那些疯狂的野马中的一匹听到了狼的嚎叫声，奔向斜坡下更远的另外一匹马。由于绳子不够长，它勒紧绳子后突然滑倒了，还摔断了脖子。如果没有中士的马，剩下的马肯定拖不动我们的车。

无数群水牛被暴风雨驱赶到贫瘠之地，鹿、麋鹿和羚羊也成群结队地赶到那里。然而，前几天我从报纸上了解到最后一批体型各异的水牛以每头300美元的价格卖给了加拿大政府，美国政府太穷了，无法购买它们。

我们安全到达了本顿堡，后来才知道酋长已经穿过牛岛，并把留在那里的士兵都杀掉了。我再也没见过我的同事艾萨克，但第二年我知道他发现了一些很好的化石。

我在6天内完成了600英里的返程旅途。穿过平均气温－20℃的山脉，我每天吃4顿饭，而且还很丰盛。我重新回到了联合太平洋铁路的大分水岭，回了一趟家，然后准备和柯普教授一起过冬。

第四章

在堪萨斯州白垩进一步开展工作(1877 年)

1876 年至 1877 年的冬天,我是与柯普教授一起度过的,首先是在哈顿菲尔德,然后是他在费城松树街的新家。

在哈顿菲尔德,一个大型老式谷仓的宽敞阁楼被改造为一个车间,我在这里也有一张床。我跟柯普教授的标本制作员住在一起,每周日柯普教授都会邀请我到他家里,同他和他妻子以及他 12 岁的可爱的女儿一起吃晚餐。

我永远不会忘记那些周日的晚餐。食物很简单,但是烹饪得很好,而且同柯普教授的谈话本身就是一场盛宴。他有一种超凡的能力,在他不谈科学研究的时候,就会迅速从相关工作和专业知识当中走出来,并且随时都会谈论一些令人快乐的内容。他经常闪着明亮的眼睛给我们讲故事,我们被他的俏皮话逗得大笑,最后脸都笑僵了。

据我所知,他在才智方面一直都没有输过。记得有一次,我出席了在费城举行的科学院会议,他当时打算参加办公室记录书记竞选,但是并未当选。其中,威廉·穆尔·加布(William Moore Gabb)教授发表了一些反对他的言论。柯普教授唯一的回复就是:“威廉,现在你别多嘴!”

我还参加了他为招待这座城市里的朋友举行的晚餐宴会,还有柯普夫人为了招待教授的学生而举办的午餐宴会。他在这些场合中讲述了他最有趣的事，而且让我讲关于老农夫的故事：一个老农夫在山坡上的地里锄玉米的时候，看到一条铁环蛇把自己的尾巴伸进嘴里，然后从山坡上向他滚过来。他跳到树桩后面，用锄头的把手敲打这条蛇，它尾巴上的刺就深深地陷进把手里。不到一个小时，这个把手就变得像一个人的腿那么粗了。

我觉得他如此喜欢让我讲述这些故事是因为这样可以让他从沉重的研究工作中解脱出来，正是由于这种在闲暇时彻底放松自己的能力，才使得他在一生中完成了很多人都不可能完成的工作。光是他大脑里的所有生物名称就够写一本书了。其中之一就是伟大的《高等脊椎动物门》(*Tertiary Vertebrata*)第三卷，也被称为“柯普的《圣经》”，它超过1000页，还有许多精美的插图。它于1884年由政府出版。

在回到堪萨斯州白垩开始另一次探险之前，我请到了拉塞尔·希尔(Russell T. Hill)先生，让他当我的助理，这个年轻人之前在耶瑟普基金会下属的学院里工作。一到曼哈顿，我就请了A.W.布劳斯(A. W. Brouse)先生作为驾驶员和厨师。

大约在3月末的时候，我们带了一队马和一辆轻便马车，开始了漫长而乏味的旅程，我们穿过堪萨斯州，来到我们在布法罗公园的总部。在距离章克申城几英里的查普曼溪，由于水位太高，我们只好停了下来。20英尺深的汹涌洪流填满了河床，无论是人还是野兽都不可能活着过去。因此，当看到一位农民坐在一辆木材车的侧板上开进洪水的时候，我们感到非常震惊。我叫他停下来，问他要去干什么。

“我必须过河。”他喊道。

“为什么?”我问道，“这条河有20英尺深，而且汹涌得像转动的磨一样，你会被冲走的!”

“但是我已经有一个星期没有收到邮件了，我必须过河。”他回复道。

“好吧，”我说，“你这个大笨蛋，你为什么走到下面的铁路桥，然后再走过去?”

“走地下通道？我可没想到这一点。”他说。

由于我们现在是在盛产羚羊的国度，所以经常能吃到羚羊肉。一天早上，我们看到一只羚羊站在靠近铁轨的地方，正在注视一辆开来的火车。我一边让马车夫快一点儿，一边说：“火车上可能有人要射杀这只动物。”当火车经过的时候，我看到一扇车窗被打开，一名男子用左轮手枪朝羚羊的脖子打了一枪。这只羚羊像个圆圈一样倒下去，四条腿并拢在一起。我们飞快地从马车上跳下来，我用一把屠刀割断了它的喉咙，其他人则抓着它的角。

还有一次，当我们沿着大草原旅行时，突然看到一只小羚羊稳稳地藏在一堆草的中间。如果不骑马的话，我们不可能看到它。但是由于我们坐在马车座位上，正好能看到它。我们中的男孩们跳了出来，小心翼翼地接近这个小家伙，他们伸出双臂准备抓住它，但羚羊突然快速地站起来跑了，他们扑了个空。他们全速地追赶，但羚羊还是像闪电般地溜走了。

有一天，我们在布法罗以南朴树溪的泉水边露营的时候，有几个人骑马向我们赶来。他们说自己是牧场主人，但丢失了全套装备。我邀请他们进入我的帐篷，晚饭后让他们睡在我的助理和厨师的床上，而我的助理和厨师睡在货车里。

一大早，他们当中的一个人叫醒了我，说想要一把左轮手枪。他说营地里有一只羚羊，我递给了他一把史密斯和韦森手枪，我看到一只羚羊站在马车旁边，正盯着帐篷和马车。这个陌生人往前走了三四步，边走边朝羚羊开枪，左轮手枪的子弹很快就用完了，他随手把左轮手枪扔掉了，然后说再要一支枪。我给了他一支步枪和一条弹药带。此时，羚羊已经走了几步远，正转身看着我们。那个男人开了几枪，然后又把步枪扔掉了。这时，我的助理和厨师从马车爬出来了，他们一个拿着温彻斯特步枪，另一个拿着小巴拉德步枪。这个人又借走了温彻斯特步枪，结果还是没击中羚羊就把子弹用完了。最后，这只羚羊小心翼翼地向山上跑去然后就不见了，而这个男人说它肯定有魔法。但是，我们并不这样认为，于是男孩们就去追它。很快他们就回来了，他们用枪把羚羊吊起来，扛在肩上。

我想起了与这次探险有关的另一个荒唐事件。当堪萨斯大学的博物学家（曾经也是堪萨斯州立大学的校长）斯诺教授正和他的一群学生参加由他组织的每年一次的昆虫捕猎活动的时候，我们碰巧也在布法罗车站。

布法罗有老奇泽姆牛进入的痕迹，有一天，一大群得克萨斯牛的主人正在经过，他注意到斯诺教授和他的学生在大草原上拿着网，这刚好是他第一次看到昆虫收藏家在工作，于是他的好奇心就被唤起了。

“那些人在做什么？”他问店主吉姆·汤普森（Jim Thompson）。

“捉虫子。”吉姆简短地回答。

“我不相信。”牧场主说，“他们可都是成年人。”

“好吧，”吉姆说，“如果你愿意，你可以自己去问。”

之后这个男人真的去问教授了，我带着很大的好奇心等着听他们的谈话。教授把他带进了帐篷里，向他展示了数百种昆虫，并告诉他这些昆虫的名称，直到他觉得仿佛陷入一团迷雾一般。

“你看，我没骗你吧？”吉姆说。

牧场主说：“那个男人是我见过的最聪明的人，他知道这个国家所有昆虫的名称和物种。”

4月30日，我们驾车前往布法罗以南30英里的烟山，却被流沙困住，但最后队员和马车都成功获救了。我们在一个山沟的山口露营，这个山沟里生长着大量的草。

那天晚上刮了一整夜的大风。亲爱的读者，你是否有过这样的经历？在大风呼啸的夜晚睡在帐篷里，帐篷帆布不停地摆动着，让人感到恐惧，害怕固定帐篷的钉子会被风力拔出来或者帐篷会被大风吹破。你知道躺在那样的地方是怎样的一种感觉吗？外面是震耳欲聋的雷声和几乎要将人闪瞎的闪电，而唯一能将你和外面的狂风暴雨隔开的薄薄的帐篷也一直在承受着暴风雨的猛烈拍击。这不是一次愉快的经历，但是，在我去野营的这么多年里，尽管我不止一次地担心帐篷会被撕成碎片，但这种事从来没有发生过。即使在最可怕的暴风雨中，我的帐篷也安然无恙，而我也在没有过多不便的情况下逃过了一劫又一劫。

然而，在这次旅行中，我们确实有不愉快的经历。一场冷雨持续了四天，帐篷开始漏水，正好漏到我的床上。此外，由于布法罗小木片很潮湿，我们无法生火，因此不得不吃冷食物，睡在湿毯子里。

在这次探险中，我们遇到的另一个困难就是马车车轮坏了。有一天，当我们的马车沿着一个斜坡行驶时，马车的后轮松动了，把所有人和马车上的物品都甩到地上。经过检查，我们发现马车制造商使用的轮毂榫眼对于辐条来说太大了。由于后者是用楔形物固定的，这些楔形物被涂上了漆，因此不可能检测到。马车的卖家说一年内可以保修，但是他住在200英里外的地方。然而，兵来将挡，水来土掩，在必要时，几乎没有不能解决的问题。于是，我们把车轮卸下来，把辐条和楔子放回去，用布法罗小木片烧火给车轮加热，然后再把它装回去。在此之后，我们都试着小心驾驶并尽量避免走那些倾斜的道路，但一般情况下，我们会在最意想不到的时候摔到在路边。最气人的是，当我们把坏了的车轮拿给那个卖家时，他又给了我们一个比之前更不可靠的车轮。制造商为什么这样捉弄他们的客户，这对我来说简直就是一个谜。

图 17　化石猎人在怀俄明州匡威公司草木溪的营地和马车

有一匹马在途中生病了，这给我们带来了很大的不便。它经常累倒在开阔的草原上，我记得有一次是在离水源 3 英里的地方，它累倒了。我们带到营地来的唯一容器是一个一加仑的水壶，为了让我们有足够的水使用，一个人一直忙着给水壶加满水。最后我们终于找到了另外一匹马来代替这匹生病的马，但是我们的坏运气却一直没有停止。这匹新马撞到了拉四轮大车的马。当只剩最后一根缰绳拉住它的时候，它就像炮弹一样飞了出去。幸运的是，它的伙伴跑得没有那么快，所以它们只是绕着圈走，而我的助理和车夫们看准了机会，抓住缰绳并迅速上了马车。

这匹马不断给我们带来麻烦。有一天，当我们要穿越朴树溪时，我带着镐去刨干燥而破裂的黏土河床，看看是否能支撑我们过去。由于我无法用镐刨开河床，所以我觉得我们可以安全地通过，我向威尔·布劳斯招手让他们过来。于是那匹可怜的马竭尽全力拉车带着

所有物品全速冲下来,冲到这片已经硬化了的黏土河床上,然后陷进下面厚厚的砂浆里。

男人们跳下马车,趁马车还没陷下去时赶紧给另外两匹马解绑,并迅速将它们绑在马车的后轴上,以减轻那些要拖到车站的化石的重量。接着,这些马又开始上演它们戏弄人的把戏。其中一匹马奋力向前冲,好像它要把马车拖出来一样,但是它一感到脖子上的绳子在拉它,就会往回倒轮子,而其他的马也都做了同样的事情。所以它们就像玩跷跷板一样一上一下,直到我再也不能忍受,因为马车已经在慢慢下沉了。我拿起绳子,然后用最大的声音命令道:“快点儿离开这里!”我强迫它们一起用力,把马车拖到坚硬的地面上。当我解开它们的绳子时,它们全都跑开了,弄得车前横木、螺母和螺栓都散落在草原上。

图 18　哈普洛斯卡帕格朗迪斯贝壳化石(经修复之后)

在河的南边,我们发现了一些很好的大型哈普洛斯卡帕贝壳化石的样品,其中一些的直径都有 1 英尺。这个贝壳化石的形状有点儿像女人的帽子，康拉德给它起名为“哈普洛斯卡帕格朗迪斯”(Haploscapha grandis)，可译为“伟大的引擎盖”(如图 18)。

我们也发现了许多鱼类、蜥蜴类动物和沧龙的化石标本。当时的收集方法和现在截然不同，因为化石狩猎也跟人类其他方面的努力一样都在一点点改善。几个月后，我们走遍了堪萨斯州西部的所有白垩地层，它们主要分布在烟山和它分叉两侧的沟壑间，大致有 100 英里，现在我们要完成相同的工作需要花费 5 年的时间。之后，我们用屠刀和镐挖出了一些骨骼化石，然后我们把它们同随手拔来的水牛草一起装在面粉袋里。早些时候，为了复原几块随意收集来的断裂骨骼化石，柯普教授和马什教授想象出了一些奇怪的动物。现在我们占据了一大块白垩板，这样我们就可以在原地展示这些骨骼化石，也就是展示它们最初的化石骨架，这样就更容易按照原样把它们连接起来。

经过仔细地探索，我们发现，一些古白垩纪海洋的“古代水手”的骸骨从峡谷或水流的边缘伸了出来，我们首先把岩石挖开，露出骸骨上面的一块地面。然后，我四肢伸直躺在地板上，用一把弯弯曲曲的锥子和一把刷子，让骨骼化石一点点露出地面，直到能辨认出它们的大致轮廓，而且常常要连续几个小时重复这种单调乏味的工作。直到确认了每一块化石的位置，我同我的儿子乔治(多年来他一直都是我的首席助理)一起在标本附近挖了道沟，把沟外 2～3 英寸范围内的岩石清理干净，然后做一个 2×4 英尺的木框架，在骨骼化石上盖上油纸，并用石膏填充木框架。由于化石很少是平躺着的，所以就有必要把盖子钉牢，一次只能钉一块木板，同时把石膏倒进去。这就有了厚度均匀的嵌板，每块骨骼化石都在其原始位置，或接近其原始位置，或者说至少在其被埋藏时的位置。

在石膏变硬后，需要把它们从地下挖出来，这个过程很吃力。两

个人必须坐在框架两边，一边用镐小心翼翼地刨，一边把下面的石膏块弄掉，让框架可以自由着地。如果使用蛮力，包裹着化石的石膏块就会碎裂，这样化石标本也就毁了。之后，把石膏块和框架一起移到平地上，框架底部也要钉牢。最后，把这个木框架放在一个大箱子里，用精雕细琢的材料小心地包起来。

图 19　查尔斯・H. 斯腾伯格和他的儿子从堪萨斯州戈夫公司所在地的一个白垩矿床上拿起一块化石

如图 19 所示，一个巨大的嵌板正在被切割。我和乔治干了两个星期的重活来弄另外一个嵌板。幸运的是，它被保存在足够坚硬的白垩层中，抬起的时候也不会被弄坏。那块板子大约有 4 英寸厚，至少有 600 磅重，我和乔治把它搬运装进箱子里，然后再抬上马车。

我的老朋友威利斯顿博士在 19 世纪 70 年代曾经负责帮马什教授召集各方人士，他现在是著名的古生物学的权威人士，同时也是芝加哥大学的古生物学教授，在他关于北美蛇颈龙的著作(由哥伦比亚博物馆出版)中描述了这个标本。他说："长喙龙属奥斯博尼的标本(如图 20 所示)是由乔治・F. 斯腾伯格先生于 1900 年夏天发现的，然后由他父亲精心地采集，他的父亲是一位资深的脊椎化石动物收藏家。第二年春天，堪萨斯大学从斯腾伯格手中买下这个标本，并将它装裱了起来。当这副化石骨架被送到博物馆时，几乎完全被装在一大块柔软的黄色白垩里，所有的骨骼化石都散开了，它们或多或少地缠在一起。左坐骨在上颌骨的一侧，从表面突出来，一部分已经缺失了。尾部的骨骼化石和一些较小的足骨化石已经跟化石骨架的其他部分错开了一段距离，这些骨骼化石是由斯腾伯格分开收集来的。其头颅左边的一部分和右边的一些骨骼化石已经被浸软了，而它的上颌骨确实是缺失了。

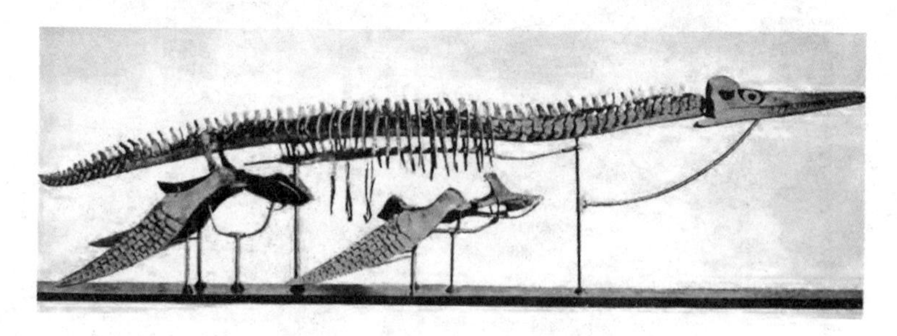

图 20　蛇颈龙的化石骨架

由乔治·F. 斯腾伯格发现并采集，经威利斯顿修复(现在在堪萨斯州立大学内)

图 21　蛇颈薄片龙，薄片龙属

发现于白垩纪尼奥布拉拉组，由奥斯本和奈特还原(此图来自美国自然历史博物馆)

“拆除和安装这些骨骼需要花费马丁(H. T. Martin)先生大概一年的时间,而现在终于把它装裱起来了,这是他伟大的劳动和技艺的表现……正如它被安装起来的样子一样,这个化石骨架只有 10 英尺长。在它活着的时候,它的脖子底部一定又粗又重,躯干很宽,腰之间的腹部区域很短,短尾巴底部也很粗。这个化石物种是为了纪念哥伦比亚大学的奥斯本教授而命名的。”

威利斯顿博士在他的《序言》中谈到了这个蛇颈龙家族标本的巨大科学价值,他说:“美国现已知的有 32 个物种和 15 个属,但这个化石骨架的组成部分不属于它们当中的任何一种。”

我很高兴堪萨斯大学能拥有这古老的白垩纪海域的辉煌居住者的标本。

奥斯本博士宣称我在慕尼黑皇家博物馆展出的收藏品是世界上最精美的堪萨斯白垩和得克萨斯二叠纪脊椎动物化石标本。我的朋友布鲁利博士在那里当助手,他最近给我写了一封信,说这里的收藏品包含了超过 85 种不同种类的已灭绝的脊椎动物化石。其中,有 18 个物种和 7 个属都是之前从未发现的。现在已有描述这些材料的 7 篇论文被发表,分别由梅里安姆(J. C. Merriam)、克鲁克(A. R. Crook)、查尔斯·伊斯曼(Charles R. Eastman)、卢马思(F. B. Loomls)、布鲁利(F. Broili)、诺伊迈尔(L. Neumayer)和斯特里克勒(L. Strickler)撰写,论文中图文并茂地描述了 40 多个化石标本。我曾在慕尼黑博物馆为德国古生物学家卡尔·冯·兹特尔(Carl von Zittel)博士工作过几年,他在文章中说我在这里竖立了一座“远古纪念碑”。

这里有白垩纪猪鼻蛇属鲨鱼阿格斯(Oxyrhina mantelli)最完整的化石骨架,它已经远离其原生海岸,曾在各种地层中被发现。它构成了查尔斯·伊斯曼在慕尼黑路德维希一马克西米利安大学发表的就职演说的基础。

我在为冯·兹特尔博士进行探险时发现了这个标本。我独自一人露营在布法罗公园以南的烟山山谷南坡上的一个沟壑间。我已经找到了许多扁平的圆盘和鱼椎的中枢，威利斯顿博士跟我保证说它们属于一种鲨鱼，因为他找到了与它们相关的牙齿。因此，从这里一直到低矮的小丘，我为能找到一连串的骨骼而感到高兴。为了找到长度近20英尺的脊柱骨骼，我迅速铲掉松散的白垩层，并清理了地面。由大块的软骨组成的头骨化石包含了250颗牙齿，包括上牙和下牙。较大的牙齿长度超过1英寸，并覆盖着闪亮的深色珐琅。它们像动物活着的时候一样锐利和光滑，并且就在靠近它们原来的位置。

这是第一次，而且我相信是唯一一次发现这么完整的古老鲨鱼化石标本。它的脊柱和软骨组成的部分通常很容易腐烂。我想它死亡时已经老了，它的骨骼沉积在白垩床中。这样的化石标本不太可能被复制。伊斯曼博士对这种骨骼化石的研究使他能够创造出许多物种的同义词，这些物种仅以牙齿命名。

我在对堪萨斯白垩床的进一步探索中发现的最有价值的化石标本是两副几乎完整的大海龟化石骨架，它们被称为巨型原盖龟(Protostega gigas)。柯普教授已经描述过这种类型的海龟，1871年他在华莱士堡附近找到了许多不连贯的骨骼化石。

1903年，我幸运地找到了一个几乎完整的尚处于原始形态的原盖龟化石骨架，也就是说，骨骼化石全部在或靠近最初的埋葬位置。海切尔博士从我手里为卡内基博物馆购买了这个化石标本，海切尔博士去世的时候，他正处在化石猎人这一职业的辉煌时期，他的去世给古生物学界蒙上了一层阴影。在由维兰德博士撰写的对卡内基博物馆的回忆录里有过对灭绝海龟的权威描述，书名为《原盖龟之骨学》(*The Osteology of Protostega*)。他在书中第289页写道：“自从

柯普教授发现原盖龟以来，已经过去三分之一个世纪，这些大海龟化石中的任何一个还没有得到完全的复原。在过去的两年里，查尔斯·H. 斯腾伯格先生在堪萨斯州西部的奈厄布拉勒白垩层中发现了几乎完整的原盖龟化石标本，之后就有了对四肢组织的描述，但那些最重要的部分尚未被描述过，而且要完全复原几乎是不可能的(如图22所示)。”

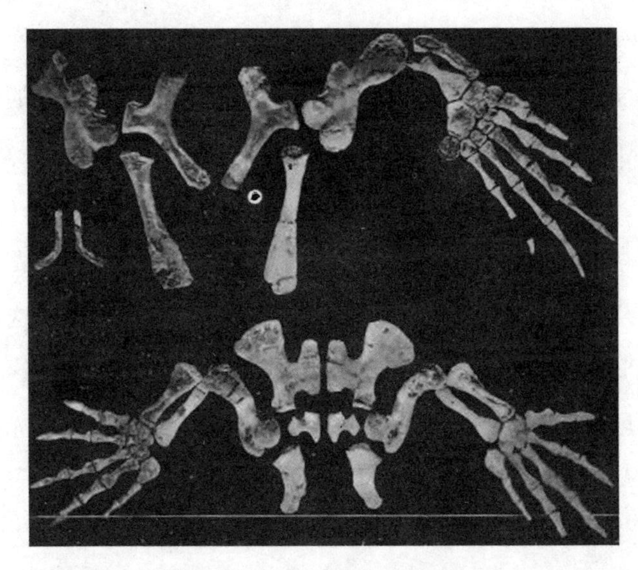

图22　巨型龟——原盖龟的骨骼化石(由查尔斯·H. 斯腾伯格采集)

奥斯本教授在《科学》刊中简要提到了这种罕见的化石，把它们称为“原盖龟的完整骨架，这些骨架位于原盖龟背面，它的前肢伸展，与龟壳的中线成直角，指骨之间的距离为6英尺。”

第二个标本是由我发现的，并直接卖给了卡内基博物馆馆长荷兰博士。因此，维兰德博士在回忆录第282页介绍了它，标题为《卡内基博物馆目录脊椎动物1421号标本》：

“这个精美的化石来自朴树溪的奈厄布拉勒白垩。”(我想纠正一下这个错误，它是在纪念碑岩石西北方向约3英里的一个沟壑中被发现的，这条沟与埃尔卡德东部的烟山交汇。)“原始骨骼化石的非原位部分已经被风化，并且或多或少地被保存下来了，包括左肱骨、桡骨、尺骨等。”原位部分由化石骨架的右前部组成，并被固定在单个脉石板上，它在脉石板上仍能保持完整，如普伦蒂斯先生的附图所示，包括下颚的斜下视图、头骨、T形颈部(板)和两个边缘。可以看出，与迄今为止发现的其他原盖龟的化石标本相比，这个标本提供的信息令人非常满意。1420号标本是我采集的第一个相关化石标本，它比目前发现的任何其他标本都完整。就与它最初嵌入白垩脉石的时候一样，几乎每个元素都精确地位于原位，或就在原位附近。不幸的是，这些完整化石的采集者为了将骨骼化石从白垩脉石中分离出来，做了一些错误的标记，使得这些化石无法完整地组合拼装，也无法确定它原来的轮廓。即使是在设备齐全的实验室中也很难完成这样的工作，由于四肢的骨骼都没有被打破，斯腾伯格先生发现并把这些化石很好地组合起来，也就是1421号标本。”

我从一位博物馆的工作人员那里了解到，这个标本将于1908年夏天被装裱并在展览会上展出。只要卡内基博物馆还在，这个大海龟的标本将会一直得到大自然爱好者们的赞赏和喜爱。在外形上，它非常像今天地中海的海龟。它巨大的前翼跨度有10英尺，并且有可怕的爪子。后肢与身体平行伸展，被这个“白垩纪的船夫”当作双桨使用。

如果没有提到我在几个小地方发现的犹因他海百合格里内尔(Uintacrinus socialis Grinell)，那么我在堪萨斯州白垩中的工作就不会完整。弗兰克·斯普林格先生说，截至1901年，美国权威机构已知的含丰富海百合化石的地区只有7个，他当时并不知道我的任何发现。我和他都可以证明这个物种的稀有。在过去的15年里，我一次

又一次地走遍了白垩床，但是我也只能记起三个富含那种化石的地方，第一个是马丁地区，第二个是它以东3英里的地区，第三个是在埃尔卡德附近的巴特河。第一个地方出产了斯普林格先生在他关于犹因他海百合的巨著里提到的最好的标本化石，这一巨著由哈佛大学比较动物学博物馆出版。

然而去年，我的儿子乔治发现了两个相距50英尺的化石标本，就在它们以前被发现的地方的东侧。该地区位于昆特南部，在戈夫县的南部地区，位于马丁地区以东37英里处。这两个地方都包含有大概40个凹洼。如往常一样，它们被压平在一块约0.25英寸厚的石灰质厚板的底面上，边角像纸一样薄。其中的一块板被送到德国的森肯伯格博物馆，而斯普林格先生得到了另一块。

花萼，或者说“头部”，有10个长臂，其中一些长约30英寸。[①]

这些美丽的球状植物是无茎的，而且显然是成群生活，因为从未发现过它们的单个化石标本。根据斯普林格先生的说法，当一群花萼死亡的时候，它们就会落到底部，其中第一个花萼就被埋在软泥中并保存了下来，而其他的由于没有软泥的保护，就解体了。因此，在完美的化石标本上面，石灰质的凹洼和那些混合在一起的花萼被压成一块坚硬的板，完美的化石标本就被牢牢地压在板的底部。

这些生物化石在英国白垩中有大量的发现，但它们都只是解体后的部分。

①犹因他海百合和硬椎龙的还原图(如图12-*a*所示)。

第五章

在堪萨斯卢普福克河床的发现及后续工作
(1877年,1882—1884年)

大约在1877年7月1日,我接到命令,向北去内布拉斯加州的卢普福克河,在上中新世的海床上寻找脊椎动物化石,海登把它们称为卢普福克组。然而,我碰巧遇见了一个老猎人,名叫阿伯纳西(Abernathy),他带着一批水牛皮来到布法罗,他告诉我在他的小屋上方,在迪凯特县萨帕河的中游分支上有一个乳齿象的头骨化石,从坚硬的岩石里露出来。

去他家拜访很方便,我就跟着他去了。要感谢这个老猎人,由于他的细致观察,使我有幸发现了堪萨斯州西北部卢普福克组的丰富化石床,这样我不用进入内布拉斯加州就已经有工作做了。可惜第二年这个老猎人就被一群基奥瓦人杀害了。

在我们到达老人的小屋之前,布法罗北部的整个地区都没有人类居住。在一个闷热的日子里,我们走在前往那里的路上,当我们沿着漫长的斜坡驶向所罗门南部的时候,回头一看,发现凡是目所能及的地方,空气中都是飞扬的尘土、干草和小木片,就像午夜时一样漆黑。经验告诉我们这一切意味着什么。威尔·布劳斯用鞭子抽打马,但此刻并没有用。它们也受到了惊吓,拔腿就往山下跑。我们一

到达山谷,就看到一处二十多英尺高的悬崖,几乎与地面垂直,威尔把马赶到了悬崖下。我们跳下马车,由一个人解开拴在马车上的绳子把马拴起来时,其余的人抓住马车使它固定下来。一刹那间,光线暗了下来,一阵狂风从我们身边呼啸而过,之后是一片宁静。当我们沿着它的轨迹向河道行进时,发现大树在树桩上被扭曲着或被扯成碎片,树枝像稻草一样散落在地上。

一天傍晚,太阳快落山时,老人指出了在测量仪侧面的乳齿象。我从车上跳下来,大叫:“这是一只大乌龟!”事实证明它果然是一只陆地龟,身长三十多英寸,宽28英寸,高15英寸,柯普教授把它称为陆龟“奥索皮吉斯”(orthopygia)。龟壳的背面是从灰色砂岩边缘伸出来的。我们用鹤嘴锄很快就把化石标本取了下来(图23)。

图23　巨型陆龟“奥索皮吉斯”的化石壳

由查尔斯·H.斯腾伯格在堪萨斯州的飞利浦公司所在地发现

现在,对堪萨斯州新动物化石群的有趣探索活动开始了。堪萨斯州这一地区的岩石通常由灰砂、水洗白垩和可溶性二氧化硅胶结而成。这些河床沉积的基础是白垩纪的奈厄布拉勒组。河床是由这种软石灰组成的,后来经过河水的冲刷,白粉就与那些由溪水从山上冲下来的沙砾混在一起。山顶上覆盖着这种厚达数英尺的灰色砾岩，由于构成它的物质很容易分解，所以大量的灰色砾岩就沉积在悬崖底部，就像古老的砂浆一样。我把它们称为砂浆层，而且地质学家也采用了这个名称。事实上，它们就是实际上的砂浆床，这一点所有早期居住者都可以证明。他们可以毫不费力地找到松软的河床，这些河床的组成材料都很容易被挖出来。如果把这些材料用水融合搅拌后，再用泥铲把它们涂在草皮房子的内壁上，就可以有一个非常舒适的房子了。早期定居者的草皮房子冬暖夏凉，那些为了跟上时代而住在更现代化的房子里的人一定会为没有居住过这样的房子而感到遗憾。

我不仅找到了这些大海龟的大量化石标本（这一次找到很多），而且还找到了一头犀牛的大量化石遗骸。柯普教授认为它没有角，并把它命名为巨齿龙“大阿菲洛普斯”(Aphelops megalodus)，但在那之后，海切尔却发现这只雄性恐龙的鼻骨末端有一个松散的角。

我还得到了一些大象下牙乳齿的化石标本。它们属于三棱齿象，这是一只非常原始的乳齿象，其下颌呈直线向臼齿外突出2英尺，两侧各有一个牙槽，里面有两颗强有力的尖牙，尖牙末端是凿尖。1882年，我把这一化石标本赠送给了剑桥比较动物学博物馆，它的下颌有4英尺长，其中包括象牙，象牙比下颌末端长了18英寸。

1908年秋天，儿子给我带来了一件乳齿象下颚的化石标本。它属于巨型厚皮动物的一种，在卢普福克时代，这种动物分布在堪萨斯州西北部和西部的大片土地上，沿西北方向一直延伸到俄勒冈州东部的约翰戴伊盆地。这个化石标本的一个显著特点是它的骨联合部位被大大拉长，在长有大臼齿的牙槽下方13英寸处向下弯曲。这是一只年老的动物，它的上排牙齿已经脱落了，下排牙的前齿和臼齿也都脱落了，只剩下最后一颗牙（也就是我们所说的智齿）。但是这颗

智齿被磨损得很严重,据此我们可以大致知道这头乳齿象的生命已快到尽头了,即使它成功逃过了它的敌人大剑齿虎的攻击。大剑齿虎常捕食乳齿象和一些其他食草动物。

这些奇特的下颚长四英尺一英寸。与头骨相连的髁突高13.5英寸;臼齿长9.25英寸;冠高2.5英寸;两颗臼齿之间的距离为4英寸。大下牙槽长两英尺,直径为六英寸,向后弯曲的象牙本身长度肯定有四英尺多。我们只有看到这些奇特的上下部都长着獠牙的下颚,才能对这头早期乳齿象的可怕外貌有所了解。从下牙的巨大尺寸和向下弯曲的角度来看,这头乳齿象显然是欧洲上新世晚期的巨大恐龙。这些在堪萨斯州发现的巨型哺乳动物的下颚将最终被安置在大英博物馆(那里还有其他很多我发现的精美化石),作为美国人,我感到有些遗憾;但是从整个世界的角度出发,我还是感到很欣慰。

1905年,我在德国巴伐利亚州慕尼黑皇家博物馆的斯腾伯格采石场发现了另一副精美的下颚化石。一些接合部分和下牙已经被折断。保存下来的下颌长2英尺6英寸半,骨节高14英寸。牙槽磨削面中心到顶端的高度为9.5英寸。臼齿的长度约为7.5英寸,宽度为3.5英寸。它属于柯普教授发现的三脊齿象属。

我们在这个乳齿象化石附近发现了许多像凿子一样的长牙,它们从下颚脱落下来与其他的骨骼化石散落在一起。通过比较,我们发现它们与新物种的长牙在大小上有很大的差异,很明显它们的年龄是相仿的,因为除了最后的臼齿,所有的牙齿都已经脱落了。

这些动物的牙齿被黏在树根上的沙子磨得很锋利。它落入牙釉质顶部之间的凹坑和凹陷处,磨掉了牙本质和牙骨质,使那些巨大的尖牙保持锋利,并随时可以使用。这些早期乳齿象的一个显著特征是它们的象牙内部有一层珐琅,而现代大象只有在象牙末端才有一层珐琅,而且很快就会被磨损掉。

在卢普福克时代，堪萨斯州另一个引人注目的定居者是三趾马，这是一种比普通农场刚出生的马稍大一点儿的动物，从我们发现大量脱落的牙齿来看，它显然是群居性动物。它的脚趾分开着，这就使它能够在湖泊或河流附近的沼泽地和长满青苔的沼泽地行走，因此在那些嗜血老虎追击的时候，它可以在松软的地面上逃得很远，对手也不敢追上来。

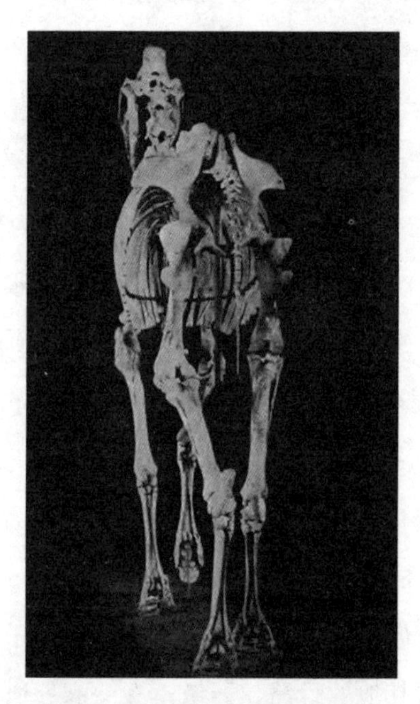

图 24 三趾马向次马化石骨架

来自科罗拉多州中部始新世地层（经由吉德利修复之后，现在保存在美国自然历史博物馆）

1882 年，在为阿加西博物馆工作期间，我在菲利普斯县草原狗溪的长岛发现了著名的斯腾伯格采石场。几个星期以来，我一直在探索鹿溪分支源头的区域，这条鹿溪就像扇子一样蔓延开来。但是，尽管我偶尔能在草地上发现卢普福克时代动物的骨骼化石碎片，尤其

是在面包碗土堆附近,但是我没有什么大的收获,因为这里的岩石很容易分解,而且很容易留住水分,所以整个地区都长满了草。由于大量的水汽积聚在这些砂岩层中,并以泉水的形式流出地表,因此该县有33条河流。

在一个非常炎热的日子,我越过分水岭,来到草原狗溪。我让马拉着车随意走动,还把马车里的被单铺开,把马车两侧的车窗打开,让微风吹进来,我在炎热中睡着了。直到太阳落山时,我才明白该扎营了,并发现自己已经走得比原来计划的远了很多。我带上露营的装备,看到离小溪1英里的一个山谷里有一堆树,我知道那里一定有水。于是,我就有了草、木头和水这三样必需品。

搭好帐篷后,我开始吃晚饭。我兴奋地发现一大片坚硬的硅质岩石露了出来,它由沙子和白垩组成,可溶的沙子把它们牢牢地粘在一起,而这正是一个灰色砂岩矿床的底部。我很快发现这上面有一块乳齿象的骨骼化石。当我看到它的全部时,发现它从一堆犀牛骨骼中"钻"了出来,这些犀牛骨骼化石从两边的沙滩上伸出来,而狭窄的沟渠底部布满了脚趾骨骼化石,有完整的,也有分离的,还有一些头骨和无数的牙齿化石。我从17岁开始收集脊椎动物和植物化石,但这是我迄今为止发现的最大的化石宝库。

我永远不会忘记,我是怎样以科学的名义,满怀热情地找到了堪萨斯最大的骨床。我没有询问别人是否对这块土地感兴趣,我认为也没有必要。对于我来说,我已经习惯于为了科学进步而把其他一切都放在一边,所以我没有想到其他人可能会有不同的看法。但有一天,当我正在溪谷里干活时,一个老人犁着地,来到了这里。他转过身来,刚好看见我手里拿着锄头,在河对岸的沙洲上挖出了一头犀牛的头骨化石。他立刻使出全身的力气大声喊道:"你在干什么?"

"我在挖老古董。"我回答。我们俩都大声喊叫着,好像我们离得特别远。

“你给我滚！”他喊道。

“好吧！”我用同样大的嗓门回答他，然后继续做我的工作。

这个老人消失了，后来我知道他名叫奥弗顿（Overton），在那之后我一直没有他的消息，直到我来长岛寻找食物，或者说“吃食”，就像西方人说得那样。在这里我得知老人曾经来到治安法官那里，要求下令逮捕我，因为我收集了这些古老的骨骼化石。从当年一直到下一年，他都没有再直接来找我，但人们告诉我，他找了那个地区的所有法官，试图获得逮捕令。然而，人们终于说服他，我并没有伤害他，而是在造福科学界。

两年后，也就是1884年，我受雇于现在已故的马什教授，去探索这个化石层。我找到的骨骼化石上覆盖着14英尺厚的型砂和4英尺厚的坚硬岩石，较重的化石位于砂岩上，较轻的化石则和上面的沙子混在一起。这些沙子和岩石只能用镐和刮刀刮掉，这意味着我们将要做繁重的体力活儿了。因此，我拥有了比以前更多的可支配资金，我驱车来到奥弗顿先生家，提出每月给他40美元，让他和他的团队为我们工作一个夏天，并告知他我将会找到这里所有的化石。他欣然接受了，而且我发现他是一个非常细心的工人。他不仅能把粗活干得很好，而且当我们把一块板子放在化石上方的时候，他又表现得像一个非常细心的采集家一样。在这次探险中，我的另一位助手是威尔·拉斯（Will Russ）先生，他后来成了一名技艺高超的牙医。

我们的工作方法是先用犁和铲子把沙子和岩石刨开，刨出大约20英尺宽、100英尺长的空间。然后我们把地面打扫干净，用牡蛎刀和其他一些特制的工具使骨骼化石露出来。我记得其中一个工具就是做一把直柄的锄头，然后在它的角处将其切下来做成一个钻石形状的工具。有了它，我们就可以在高高的河堤下工作，取出那些我们

用其他方法够不到的标本。我们还使用了各式各样的铲子和挖掘机。

我们收集的骨骼化石散落在峡谷两边0.25英里的地方,通常是在有灰色砂岩的地方或洞穴里。其中有两层,大约相隔14英尺,空隙中填满了细细的型砂,下面的白垩层中有一些白料,这些白垩层构成了淡水层沉积时的陆地表面。这里也有一些被古河流冲积平原的水流冲刷得干干净净的沙层,因为裸露的部分有河流的各种不同沉积物。在冲刷过的沙地上有一层沙子和黏土,表明这里曾经是一个安静的地方,浑浊的河水在这里沉积成泥沙。这一层一旦暴露出来,就会向各个方向裂开,就像水蒸发后水坑底部的泥一样。

要解释这里所有动物的数量如此之多,以及骨头如此之分散的原因一直是个大问题。骨骼化石的各个部分混杂在一起,没有两块骨骼化石处于它原来的位置。当然,其中一个原因是外力因素,经过对这个地区的一番考察,我同意马修博士和海切尔博士的观点,即认为这些骨骼化石是在奔腾河流的冲积平原上沉积下来的,而不是像老地质学家们认为是在五大湖沉积下来的。但是,我觉得底部砂岩层上化石骨架各个部分相混合的唯一原因是分布着骨骼化石的细沙层被水浸透,变成了流沙,骨骼化石就在这些流沙中下沉,一直沉到下面不可穿透的地层上,那些重一点儿的化石当然就落在了最底层。

是什么导致斯腾伯格采石场上无数生命的死亡,这个问题很难回答。马修博士和海切尔博士认为,在上中新世时期,有许多河道被较高的分水岭和宽阔的冲积平原隔开,形成一些零星的小湖泊,那里茂密的植被堵塞了一些缓慢的河流。在持续时间很长的雨季里,整个地区好几英里的地方就会形成很多湖泊,于是附近所有的动物都都聚集在最高的地方来躲避洪水,最终它们还是被席卷一切的洪流淹没了。经过浸渍之后,动物骨骼可能被其他洪水冲散了。

我的理论也同样合理,那就是动物们被埋在一场沙尘暴下面。

这场沙尘暴把河滩上的细沙刮散了，这些细沙令人窒息并撒在那些为了寻求安全而聚集在一起的动物身上。

现在这片土地高出海平面3000英尺，然而在犀牛成群结队出没的远古时代，这里只比海平面高出几英尺。到处都是长满海绵状苔藓的沼泽和热带河流，丰富的植被在两岸形成了茂密的丛林。在坚硬的地表都长满了茂密的灯芯草，只有这些动物走过的小径是唯一的道路。在海拔更高的地方，松软潮湿的土壤给森林提供了一个立足点，大乳齿象在这些森林里"吹响了号角"。它们在森林里四处游荡，凭借强壮的身体把树木撕裂，尽情地享用着多汁的树根。

1884年，我对长岛的采石场进行了一次令人难忘的探索，我们不仅获得了大量的犀牛骨骼化石，还与海切尔先生一起工作，他后来帮忙建造了三大古生物脊椎动物博物馆，即耶鲁大学博物馆、普林斯顿大学博物馆和卡内基博物馆。海切尔先生于1904年去世，距离他第一次跟我一起收集脊椎动物化石仅20年。作为一个聪明、认真的学生，他对手头工作的透彻理解和对工作的热情，使他在当时看上去很有前途。我能成为他从事采集实践工作的第一位老师，感到很荣幸，我跟他分别在峡谷的两边工作，他后来很快就从我这里毕业了。他雇了奥弗顿先生的儿子，并给他配备了一个犁和一把铲子，不需要我做进一步的指点，海切尔先生就获得了一套精美的收藏品。

同一年，马什教授来到我所在的采石场并把它租了下来，直到1905年我才再次看到它，当我再次来到采石场的时候，我又发现了两个完美的犀牛骨骼化石。其中一个在慕尼黑展出，另外一个则在波恩。

在获得奥斯本教授的同意后，我送给了沃特曼博士一张我在1894年在这个采石场获取精美化石标本的照片(图25)。1884年，我把在这一地方采集到的其他的大量藏品装上了汽车，现在它们被存

放在国际博物馆中。我在那里看到了一整箱犀牛“远角犀弗西格”(Teleoceras fossiger)的头骨化石,这都是我在长岛获得的。

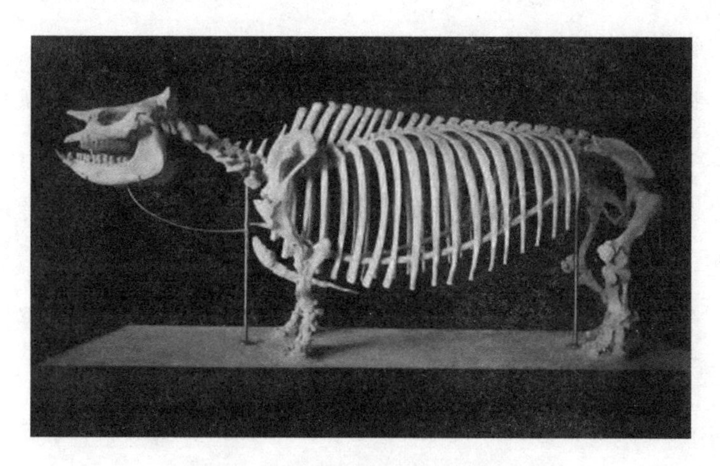

图 25　犀牛弗思加远角犀化石骨架

来自堪萨斯州的飞利浦公司所在地,在长岛的斯腾伯格采石场由沃特曼采集,安装在美国自然历史博物馆内(经由奥斯本修复)

令人奇怪的是,这些淡水沉积层出现在巨大的白垩纪海底,它倾斜向上的地层高出堪萨斯州东部石炭纪岩石 2000 英尺。烟山和堪萨斯州的河流都在这些地层中开辟了道路,所以顺着这些河流走下去,就可以看到这个国家的各个地区。

我经常有个疑问就是那些确信地下一定有煤的人,为什么要雇人为他们挖一个洞,而不是搭上马车,沿着烟山的山谷,从科罗拉多线开始挖呢? 第一个暴露的地层当然是最近的有沙壤土的地层,里面到处都是破碎的水牛头骨或被侵蚀的工具。然后是由黏土、沙子和岩石碎块混合而成的更新世地层。我在这个地层中发现了超过 200 颗哥伦比亚猛犸的牙齿化石。接下来是有着巨大龟甲的黑色页岩床,它是白垩纪皮埃尔堡组的,我们在 1876 年为寻找恐龙化石的踪迹探索过它上面的地层。在堪萨斯州的这个地层中,我发现了一种新的硬椎龙。这些标本现在被收藏在堪萨斯大学,威利斯顿博士将它们命名为韦斯蒂硬椎龙(Clidastes westi),以纪念已故的堪萨斯大学的收藏家韦斯特博士。

我们沿着福克斯下面的河流没走多远,就看见了麦卡利斯特山顶上的小河从这里经过。之后,我们看到红色和蓝色的白垩占据了这个地区几英里的地方,然后就消失了,取而代之的是黄色和蓝色的白垩,这些白垩分布在朴树溪溪口附近的河流下。

在特雷戈郡白石镇的防御工事块中,坚硬的白色石灰岩堆得有90英尺高。再往下是本顿堡组的石灰岩,它有着蛣蛤壳(Inoceramus)的特征。而在堪萨斯州中部,棕白相间的砂岩和色彩鲜艳的黏土占据了整个地区60英里的地方,最终取代了坚硬的石灰岩、易碎的页岩和上石炭纪的砂岩。除了在上石炭纪和白垩纪的达科他组浅浅的岩脉之外,在这个大沟里还没有发现煤。这条大沟在华莱士的烟山分支头部还不到0.25英里宽,然后在堪萨斯河的河口扩大到了几英里的宽度。

要计算从堪萨斯州平原上开采出来,并通过河流运到密西西比河,再运到其他海湾的矿物数量是不可能的。自第一条狭窄的海沟穿过白垩纪海床坚硬的软泥起,所有密苏里河和低于堪萨斯城的密西西比河的冲积平原都因为这些曾经覆盖了堪萨斯州山谷的物质而变得更加丰富了,新奥尔良下面的三角洲也有一部分是由它组成的。

也许我引用日记中的一两句话,会引起读者们的兴趣,让我们来看看一个化石猎人的日常生活,下面这段日记是我在卢普福克河床上工作时记录下来的。

"7月11日,星期五。这是我们在这块区域工作最顺利的一天。我们收集了三副下颌,三块头骨。天气格外炎热,我们已经努力工作

了八个小时。

“7月12日,星期六。今天我出去把三个头骨和三副下颌装了起来,它们在一平方码[①]之内。我们找到了一些很好的骨骼,其中最好的是一根完美的没有错位的前脚骨,一根完美的肱骨,一根完美的股骨,除了近身体中央的关节外,还有一副长着巨大犬齿的猫(剑齿虎)的前颌骨。我们还找到了大量的足骨,还有另外一根保存完好的脊椎骨,一块精致的肩胛骨,等等。今天下午非常炎热,但是晚上风向就往北了,天气就很凉爽。除了这些标本,我还发现了剑齿虎的上颌骨。这巨大的犬齿有2英寸长,0.75英寸宽。”

我还可以继续无限地引用日记内容,但是故事基本上都是一样的。然而,我记得还有一两件事与我在这一区域的工作有关,我想读者可能会对它们感兴趣。

1882年,我在为哈佛大学比较动物学博物馆采集化石的时候,遇到了一位老先生和他的太太,两位老人均已白发苍苍,他们坐在一块横放在一个装干货的箱子上的木板上,箱子上有两个车轮。他们的马用绳子而不是皮革套着,其他绳子也是用同样的材料制成,这就是他们的整套装备。这位老人和他的妻子坐直了身子,很有尊严地问我在那附近做什么。

“哦,”我回答说,“我在这儿的松软沙子里寻找犀牛骨骼化石。”

这位老先生说:“我自己也对这些骨骼化石很感兴趣。我不是学者,事实上,我是个文盲,但我认为当地球处于熔融状态时,这些老河马就会在泥里打滚,在岩石里凝结。”

接下来的事情我觉得就没有那么好玩了。有一天,我发现龟壳化石从峡谷两边的一大堆沙子中露出来,在挖掘那些已经看得见的

---

① 平方码:英美制面积单位,1平方码约合0.836 1平方米。

龟壳化石时，我又发现了更多。我们总共收集到了大约 20 个精美的化石标本，但都很小。沿着峡谷往下走，我发现河床从罗林斯县的比弗溪延伸出来，变成了一个占地几英亩、几乎没有植被的大型露天广场。这是一个寻找化石的理想场所，因为多年之前这些材料就已经被挖出来了，而且沙子也被清除干净了。果不其然，我很快就发现了一具完整的龟壳和骨骼化石，直径有 4 英尺，它是柯普陆龟的标本。但是，当我发现这个标本时，我的心都碎了。虽然它经受了风吹雨打仍然完好无损，却被一些蓄意破坏者用鹤嘴锄劈成了碎片，我之所以称他们为蓄意破坏者，是因为我坚持认为不管是残害现有的生命或破坏以往残留的生命，都是一种邪恶的行为。

我不太愉快地往前走，遇到了另一个较大的龟壳，它也遭受了同样的命运，然后又遇到了一个……这片看上去很富饶的土地，它所提供的一切都被完全摧毁了。

一想到有人竟会做出这样亵渎神明的事(因为对我来说，造物主在时间沙滩上留下的这些足迹是神圣的)，我就感到很生气，很可能我再也看不到那个时代如此巨大的爬行动物的标本了，我走进营地，眼里含着热泪，根本没有注意到坐在箱子上的陌生人。

“某个邪恶的破坏者爬到上了这个峡谷，”我对威尔喊道，“他们用鹤嘴锄弄坏了三只我见过的最好的乌龟标本。”

那人好像中了枪似的，从箱子上跳了下来，带着发自内心的悔悟大声说道：“是我！我在那里挖树根用来生火，我从它们上面跨了过去。不知道它们有什么价值，我想看看里面有什么，然后把它们敲碎了。”

他的惊讶和沮丧是如此滑稽，以至我心中的怒火消失了。过度紧张的我无法控制突然爆发出一阵笑声，这一笑把我当天仅剩的精力全都耗尽。

我还有一段相当不寻常的经历,当时我和助手赖特先生正在萨帕溪挖犀牛骨化石。我们注意到河对岸有一所房子,它周围大部分都被树木挡住了。我们看到一个大约 16 岁的女孩从树林里冲出来,然后沿着陡峭的山坡朝我们跑过来。我还没见过爬斜坡可以爬得如此快的人。然而,当她跑到我们跟前时,她已经没有什么力气了。过了好一会儿,她才把自己的经历告诉了我们。好像是说她母亲出去挤牛奶,由于昨天夜里下了雨,地面很滑,她母亲不小心在路上摔倒了,一根手指也脱臼了。

女孩家周围所有的人都搬走了,而且还把所有的马都带走了,离最近的诊所有 17 英里。这个女孩知道我们在挖骨骼化石,因此她断定我们能把她母亲的骨伤治好,所以就来向我们求助。虽然我之前从未尝试过这类事情,但我还是无法拒绝眼前这个可怜孩子的请求,于是我就去了她家。她的母亲躺在床上呻吟着,当我询问的时候,她什么也没回答。由于女孩很想让我试一下,我就决定试一试。于是,我让赖特先生扶着她的胳膊,同时我把夹板和绷带放在桌子上垫在她的手下面,然后用力把指骨复位。最后我把那只手紧紧包扎起来。我让女孩在她母亲的手上方悬挂一罐水,在罐子底部开一个洞,这样水就可以流到手上,然后蒸发冷却,防止伤口发炎。这个勇敢的女孩按照我所说的去做了,没多久,她母亲的手就康复了。

在最后几章里,要把历次探险的经历一一叙述出来,实在是太费时间了。希望我的读者能原谅我的离题,现在让我们回到我在 1877 年的探险。

事实证明拉塞尔·希尔是一位非常能干的助手,我一直为他后来放弃化石领域的工作转而从事医学工作感到难过。威尔·布鲁斯也是一位热情的工作者,他不满足于做锅碗瓢盆和马匹的奴隶,他不仅履行了作为车夫和厨师的职责,而且还几乎完成了其他所有的工作，即使做得没有我们这些人好。在多年的野外工作中，我从来没有遇到过如此意气相投的团队人员。

但是在八月的一天，我收到了一封来自柯普教授的长信。“把所有的装备交给希尔先生，”他写道，“然后马上去俄勒冈东部沙漠新发现的一块新油田那里。到俄勒冈州的克拉马斯堡，再从那里到银湖，去找一个名叫邓肯的邮差，他会带你到艾灌丛沙漠中心的化石床。你可能会发现原始人类的工具与灭绝的动物混杂在一起。你要秘密前往那里，不要告诉任何人你要去那里，记得让你的邮件绕道而行，这样就不会有人跟踪你了。”

接到教授的命令，我既开心又兴奋，尽管他命令我立即开始行动，而且不能告诉任何人，但是我不能在没有与父母亲告别的情况下离开，到太平洋海岸去，而且还不知道要去多久。最后我想即使有人知道我要去的地方，并试图跟着我，我也能轻易地甩掉他，并先到达那个地方。

最近的火车站位于 75 英里之外的布法罗，带着满载的化石到达那里需要两天时间。第二天我骑上马开始了长途跋涉，终于在日落时分赶到了车站，那时我感到很累且浑身酸痛。我的马有着印第安优良马那种持久的力量，它精神百倍，然而面对路上的响尾蛇，它还是很害怕。那时候我碰巧斜坐在马鞍上，它把我摔到了离蛇几英尺远的地方。

那天晚上，我回到了我在埃尔斯沃斯郡的家，和亲爱的家人告别了，第二天半夜我又回到了布法罗。我的助手和车夫拿着我的工具和行李在车站迎接我，然后我们就去了“新的田野和牧场”。

第六章

到俄勒冈州的沙漠探险(1877年)

在纪念碑站，我惊讶地发现威利斯顿先生已经带着他所有的行李上了车。威利斯顿并不知道我在火车上，当他走进车厢时大吃一惊，以为我在跟踪他。他想知道我的目的地，但是我没有告诉他。我们一起在丹佛休息了一下。然后他坐火车南下，而我则向北去夏延和西部地区。

火车向前疾驰，穿过落基山脉和内华达山脉，一路上景色秀丽，然后一直驶向落日之乡。我从萨克拉门托乘火车去了雷丁，在那里，我和另外7名乘客一起搭上了一辆由8匹马拉着的康科德长途马车，继续我的旅程。

那是8月的一个美丽的夜晚，月亮正圆，几乎和白天一样明亮。没有别的声音打破这夜的寂静，只有一只猫头鹰在森林深处呼唤它的伙伴发出的呼噜声，或者是奔腾的河水哗啦哗啦地从石壁上倾泻下来冲击巨石的声音。

我们越爬越高，穿过生长着云杉和枞木的原始森林，它们的树枝在我们头顶上方的天空中伸展开来。稀薄的空气充满了我们的肺，给我们带来生命的滋补，使我们像喝了葡萄酒一样兴奋。我们知道，在我们上方很远的地方，耸立着沙斯塔山，那是山脉中的巨人，密密

麻麻的树木挡住了我们的视线，我们只能看到前面的道路蜿蜒穿过森林。接着，我们突然毫无预兆地穿出了树林，来到沙斯塔山跟前，此刻沙斯塔山全部显露出来，是一个完美的圆锥形，高耸在4000英尺的空中，它终年不化的积雪在月光下闪闪发光。在它上方的天空，星星像宝石一样在永恒的苍穹中闪耀着。

这是我们第一次看到这样壮丽的景色，无论我们的心情如何不同，这幅壮丽的画面使我们每一个人都产生了同样的敬畏之心。它仿佛给我们下了魔咒，使我们在隐藏于这座巍巍高峰后面的神秘力量面前哑口无言，我们不由自主地想到了那句话："每一个有根基的城，都是神建造的。"

然后，为了打破可怕的沉默，抒发一下我们的感想，我们一起唱了一首老歌《在苏瓦尼河的下游》(*Way down upon the Suwanee River*)，我们就这样走了好几个小时，但是那雄伟的山峰一直停留在我们的视线里。

在亚什兰，我不得不等待一位驾驶着四轮马车的车夫带我去俄勒冈州的克拉马斯堡。那个时候，我很喜欢钓鱼这门"高雅艺术"。天还没亮，我就起床漫步在镇上美丽的大橡树之间。我穿过沉睡中的村庄，偶然在路上的尘土中发现一个大灰熊的脚印，然后，跟着它们穿过空旷的街道。只要有一扇门开着，那只熊就会走到院子里去，绕着房子走一圈，然后再从大门出来。我本想见识一下这只熊，但没有成功，因为最后它走进了黑暗的森林。于是我就去钓了一些斑点鱼当早餐。

那天晚上，我被送到克拉马斯堡，指挥官邀请我住在他家，并让我不要客气，完全当作自己家就好，我欣然接受了他的邀请。

听说几公里外的一个牧羊人杀死了一只灰熊，我就跑到他的营地去看了。果然，那只巨大的灰熊躺在地上，四周满是10厘米厚的油

脂。看来,随着冬眠时间的逼近,熊已经开始储备能量了,为此它把我朋友的那群羊都吃了。我朋友在羊群周围筑了一圈厚厚的灌木篱笆,在一群猎狗的守护下,他的羊群并未遭受土狼的攻击,但是面对大熊的攻击,他却无能为力。当他站在灌木篱笆上观察的时候,并没有发现有什么东西在骚扰他的羊群,当他刚躺到帐篷里那张舒适的床上时,他就被羊群中可怜的咩咩声惊动了,一只羊正在被一只熊拖往树林里去。

大约在我到达克拉马斯堡的十天之前,他在半夜被羊群里的一阵骚动声惊醒,于是他穿着衬衫冲了出去,在凉爽的夜色中,他看见那只熊就在 10 英尺外的地方,正在穿过一条又深又窄的小河。他没有想太多,拿着温彻斯特枪朝那只熊开了一枪,结果第一枪就打中了熊的脖子。

当我到达的时候,熊的皮已经被剥掉了,但是那具巨大的尸体却一直暴晒在 8 月的烈日下。羊群的主人(很抱歉我忘记了他的名字)答应吃过早饭后,他会帮助我完成一项并不十分令人羡慕的工作:把熊骨头上的腐肉取下来。但在吸了一口气之后,他就问了一个很中肯的问题:“你喜欢鳟鱼吗?”当我回答“是”的时候,他说他知道有一条小河可以钓到一些美丽的鳟鱼,然后他立即消失了。那天早上我再也没有看见过他。

我用刀刚一刺进熊的肚子,一股恶臭就极其可怕地散发出来,我恶心得要死。我填满了烟斗,试图通过吸烟来缓解一下,但即使这样,恶臭还是扑鼻而来,于是我一整天都在吸烟和恶心这两种状态中,直到把骨头上的肉都清理了下来。我把它们捆在一起装进麻袋里,然后挂在树上晾干。然后我走进小溪,用肥皂和沙子反复擦洗身体,但是那股恶心的气味仍然萦绕在我心头,第二天吃早饭和晚饭时我都没胃口,尽管我做了一顿非常丰盛的晚饭。即使是在 30 年后的今天，只要一有人说“熊”，我仿佛还能闻到那股气味。

在克拉马斯堡，我雇了一个名叫乔治·卢思里(George Loosely)的人当我的助手，我还买了两匹马。我们带着一顶帐篷，在粮食供应处买了口粮和其他装备，并让面包师把面粉做成面包，然后出发前往银湖，尽管一直没有人给我们指路。我有一张柯普教授寄给我的地图，上面说斯普拉格河起源于银湖，但是后来我们发现这是错误的。通往东部的政府公路经由一座桥而跨过威廉姆森河，然后在斯普拉格河西岸的一个印第安村庄突然终止。我们决定从这条路走下去，然后沿着这条河一直走到湖的源头。

当我们到达威廉姆森河时，发现了一间蛇族印第安人的小屋，一个印第安人穿着红色的马裤出现在我们前面，并要求我们付过路费。作为美国公民，我们已经为这座桥支付了税款，因此，我们拒绝支付过路费，不顾他的威胁骑着马走了过去。

当天晚上，我们到了斯普拉格河，然后在距一个印第安小镇不远的地方宿营。这些房屋由政府承包商建造，由粗糙的原木建成，包括一个屋顶有些摇晃的单间。印第安人没有使用建筑商建造的壁炉和烟囱。他们拆掉了地板，在屋顶上挖了一些洞，然后在地板中央生起了火，晚上就睡在火堆周围，就像他们的父辈曾经生活在小屋或锡布利帐篷里那样。

卢思里比我更熟悉他们，他知道有一个酋长正躺在其中一所房子里奄奄一息。晚饭后，他就离开我去看“葬礼”了。我们把面包和咖啡藏在床垫之间，并用毯子将它们盖住，然后把培根藏在饭盒底部，饭盒上面堆满了锡盘子，如果有印第安人来偷东西的话，我就能听到这些锡盘子的叮当声。这一天我非常累，于是很快就睡着了。

大约凌晨三点钟，卢思里回来了，他被关在屋子里和垂死的酋长待了一夜。当药师开始念咒语时，门和窗都关上了，印第安人在热气

腾腾的屋子里围着垂死的酋长跳舞,卢思里也不得不参加了这个仪式。整个晚上,他们都在围绕着垂死者跳舞,伴随着鼓声和药师的奇怪手势。终于到可以离开的时候,卢思里已经筋疲力尽了。他很快就睡着了,由于我睡觉习惯健全一侧的耳朵朝下,因此,晚上我们俩都没听到什么异样的声音。但是第二天早上,当卢思里把咖啡煮好,打开饭盒拿培根时,发现它已经不见了,而锡盘子则被小心地放回去了。

因此,我们的早餐是面包和咖啡,吃完饭后我们早早地上了马鞍,绕过斯普拉格河,沿着一条小径向北走。我们碰巧遇到一个白人,这是我们遇见的第一个人,我们停下来向他询问去银湖的路。当时有许多蛇族印第安人站在附近。那人叫我们沿着小路往北走,走到西山谷的一个羊圈,在那里我们可以再向别人询问。感谢过这个人之后,我们信心十足地朝前走去。

在太阳快要落山的时候,我们来到了一片生长着冷杉和云杉的美丽森林,很快我们就来到了一个分岔路口。这个阴沉的、人迹罕至的分叉路口一条通往西北方向,而另一条路通向正北,这条路显然从去年起就没人走过,因为上面已经覆满落叶。我们不知道要走哪一条路,因为早上给我们指路的那个人并没有提到这个分岔路口。就在我们讨论的时候,听到了一匹印第安卡尤斯马的叮当声,很快一个男孩出现了,他骑着驮马飞驰而来。我走到一边让他先过去,并问他要去哪儿。

“到西山谷的一个牧羊场。”他回答完就消失在巨大的树林里。我们急忙跟在他后面。

我们来到了一个自然公园,它就在这条小径的尽头。空地上有五间印第安人的小屋,有 5 名勇士穿着涂着油漆的服装和马裤,手持温彻斯特枪走上前来告诉我们“白人在这里都会迷路”,只要我们肯出两美元，他们就可以给我们指路。

“那个可怜的小家伙在哪儿?”我问道。他们只是咧着嘴笑了笑，然后又重复了一遍：“只要两美元，我们就给你们带路。”

我有一个习惯，在这种危难时刻必须抽烟，因为多年来，我一直很喜欢这种缓解精神紧张的大麻。于是，我从马鞍袋里拿出 1 磅香味扑鼻的“孤独杰克”，装满烟斗，决定继续我的旅程。印第安人立刻把我团团围住，他们把枪托扔到地上，然后掏出他们的烟袋，让我把这些烟袋填满，他们齐声喊道：“给我烟！给我烟!”

但那个骗人的男孩仍在我的脑海里萦绕。我让卢思里骑那匹驮马跟在我后面，故意点燃我的烟斗，使我的肺里都充满了烟，然后我把一团烟雾吹到那些等待着的乞丐脸上。然后我用带马刺的靴踢了一下我的马，它开始疯狂地与时间赛跑，我们那长长的影子清楚地表明了我们现在唯一的向导——太阳，很快就要落山了。我没有回头看，但卢思里看到印第安人愤怒地把步枪调平，并大声地叫我们停下来。

与时间赛跑令我们感到很兴奋，但在夜幕降临之前，我们又回到了那条跟我们撒谎的印第安男孩所走过的小径。而且在匆忙之中，我们的面包被树枝从口袋里扯了出来，然后弄丢了。我们很庆幸没有给那些肮脏的蛇族印第安人付过路费，于是我们高兴地煮了咖啡当晚饭，然后开始找我们的毯子。

天一亮，我们又喝了一次咖啡，然后上了马鞍。我们走了一整天，直到太阳落山的时候，终于听到了羊群的声音，牧羊人正赶着羊群沿着附近山坡往西山谷的畜栏走去。我们跟在他们后面，很快就在茂密的树林里发现了营地，还闻到了羊肉的香味。我们就坐在简陋的桌子旁，尽情享受着营地那些人的盛情款待。

我们在旅途中了解到，斯普拉格河发源于群山的中心，而不是银

湖,我们在到达西山谷之前,穿过了斯普拉格河与银湖之间的分水岭。第二天早晨,牧羊人给我们指了路。就在那天晚上,我们沿着美丽的湖岸散步,宽阔的水域使我想起了我在波光粼粼的奥齐戈湖上度过的童年时光。

我们很快就到了热情好客的银湖邮政局长邓肯先生的家。他用原木盖了一套舒适的房子,屋子的一端有个大烟囱,屋内有一座老式的壁炉。由于夜晚很冷,我们聚在壁炉周围聊天,一直聊到深夜。

邓肯先生的家里有他的妻子,还有他可爱的女儿。接下来我要讲一个关于他女儿的故事,我想她应该允许我讲的。卢思里和我被安排在一间屋子睡觉,因为我们的房间紧挨着邓肯夫妇的卧室,而且中间隔墙缝隙里的一些填塞物已经掉落了,所以我们能听到他们在房间里的谈话。我半夜醒来,听见老先生和妻子谈论他们的女儿。

他说:“孩子他妈,我觉得对玛丽来说,约翰会是一个好丈夫,你觉得呢?”

还没等妻子回答,睡在他们房间另一头的女儿就激动地喊道:“爸爸,我也这么想!”

刹那间,一切都静了下来,为了努力保持安静而不笑出声来,我和卢思里都把被子塞进嘴里,几乎要窒息了。第二天,我们把东西从疲惫不堪的驮马背上卸了下来,把补给品搬到邓肯先生的马车上。然后让他作为向导,开始了我们漫长的旅程,即经过俄勒冈州东部的大灌木丛沙漠,驾车前往 56 英里外的骨场。

我们继续往前走,穿过一片无边无际的山草丛、黄树林和沙地。一簇簇灌木覆盖着圆锥形的沙丘,沙丘两侧被携带流沙穿过迷宫般山丘的大风刮得干干净净。如果有人能爬到比这些沙丘还高的地方,并俯瞰下面的景观,他就会看到比堪萨斯州西部干旱的矮草平原更荒凉的景象:凡目光所及之处,一大片沉闷、单调的橄榄绿向北、东、南三个方向延伸，往西则被内华达山脉隔断，内华达山脉侧面繁茂树木的下面是一片黑暗，上面是闪耀的白色冰川留下的痕迹。

我们沿着加利福尼亚的道路到了俄勒冈州，因为在那些日子里，除了威拉梅特谷以外，俄勒冈州实际上是一片未知的土地。我想现在它依然还是如此，因为这个潮湿肥沃的山谷与喀斯喀特山脉东部广阔的半沙漠地区的差异，就像圣克拉拉山谷与南加州长满仙人掌的沙丘地区一样大。

经过一天的沙地和灌木丛的跋涉，晚上我们来到了沙漠中心一个碱湖旁边的牧场。在这里一间用邻近山上的原木搭建的小屋里，住着这个地区的隐士，名叫李・巴顿(Lee Button)。如果这条路没有经过他的门口，他就只能偶尔看到一个猎人在沙漠里追逐着鹿，这片沙漠里有很多这种鹿，或者他只能看到那些在冬天来这里放牧的人。在冬天，所有附近牧场上的牛群为了寻找食物和住所都会来到沙漠。在这里，它们吃碱性的草、甜的鼠尾草，以及从油树丛中一簇簇落下来的厚厚的叶子。这些牛群从各个方向踩踏出了无数条路，一个不熟悉农村的人很容易迷失在这些迷宫般的小径中。一想到在这样荒僻的地方，就会感到恐怖。

邓肯先生把马拴在牧场的牲口棚里，那里有充足的干草和燕麦。我们把马拴在湖边长满碱草的平地上。然后，邓肯先生从一根柱子下面挖出了一个装着小屋钥匙的铁罐。过去的经验让巴顿先生学会了谨慎。有一次，他赶着一群马，没锁门就去了加利福尼亚，一些四处游荡的移民利用他的好客，偷走了他小屋内储存的食物和毯子。所以现在，当他离开家的时候，就会锁上门，然后把钥匙藏起来，但是他会把藏钥匙的地点告诉他的朋友邓肯先生。

我们把他的炊具，包括野营用的水壶、煎锅、荷兰灶和咖啡壶都拿出来洗干净了，然后在贮藏室找吃的。那时候，给别人免费提供食

物和住所是这个地区的习俗。

没过多久,壁炉里就燃起了熊熊的火,空气中弥漫着一种说不出的艾草燃烧的味道,这种味道是从未在沙漠里出现过的。我们沿着湖边看到一群又一群的大雁,它们太温顺了,简直就像谷仓里的鹅一样从我们的路上走过,我们认为没有必要在它们身上浪费弹药。于是我设了三个普通的钢制陷阱,就跟用来抓浣熊的那种一样,然后在它们周围撒上燕麦。第二天早上,我在一个陷阱里发现了一只黑雁,在另一个陷阱里发现了一只喜鹊,在第三个陷阱里发现了一只猫。我们把猫和喜鹊放生了,然后把黑雁当早餐吃了。我们通常吃培根、面包和咖啡,有时还吃苹果干。我在俄勒冈工作了很多年,除了偶尔能吃到鹿或山羊,就没有别的食物可吃了。

第二天,由于十分信任邓肯先生作向导,我们没有留下任何标记,就在群山之间蜿蜒前行。除了西边的山脉,没有其他的地标。日落时分,我们来到一个小碱湖的岸边,我马上给它起名为"化石湖",直到今天它还叫这个名称。这个池塘(老纽约人都这么叫它)当时只有几英亩,现在已经完全干涸了。

"那儿,"邓肯先生一边用鞭子指着湖岸,一边大声喊道,"那儿是动物尸骨堆放地。"

我赶忙请他帮卢思里准备晚饭,然后支起帐篷。我抓起提包,冲到岸边。古湖的黏土层已经干涸,现在已经变成了湖岸。这个古老的湖床曾经延伸了很大的区域,但是它的一部分已经被埋在了一大堆流沙下面。许多爬行动物、鸟类和哺乳动物的骨骼和牙齿任意地混合在一起,散布在松软的沙地和黏土层上。我真的来到了一个动物尸骨堆放地。

我立刻蹲在沙滩上,捡起骨骼和牙齿,把它们堆在一起。似乎没有两块骨骼是可以连在一起的,头盖骨都被压碎在动物的脚下,这些动物很可能是来到湖边喝水的一头牛或者一只鹿。然而，令我高兴的是，在这些遗骸中，散落着箭头和打磨过的黑曜石（或火山玻璃）矛尖。当时我太激动了，没有注意到在黏土中未发现一块骨骼或一颗牙齿在它们的最初位置上，所有的骨骼和牙齿都松散脱落，并散落到地上，工具也是以同样的形式乱堆着。

第二天早晨，由于邓肯先生要回到银湖邮局，我拾起一些松散的动物牙齿、箭头和矛尖，把它们装好，请邓肯先生帮我把它们送到柯普教授那里。那天晚上，我在一堆柴火旁给柯普教授写了一封信，他后来把这封信发表在《美国博物学家》（*American Naturalist*）杂志上（他当时是该杂志的编辑），题目为《上新世人》，署名柯普。

几个星期以来，我用手指在湖岸的细沙中筛来筛去，把骨骼一块一块地捡起来。我在黏土层中发现的唯一未受破坏的标本是一头长毛猛犸象（*Elephas primigenius*）的头骨的一部分。

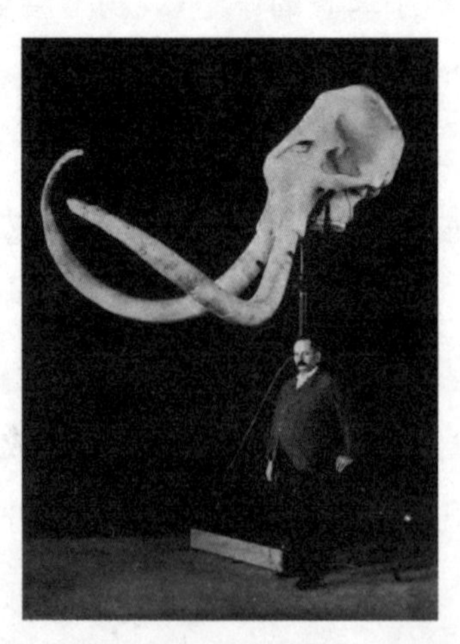

图 26　帝国猛犸"帝王象"的头盖骨和长牙（在美国自然历史博物馆内）

薛斐尔（Shufeldt）博士是《俄勒冈沙漠科仕床的鸟类化石》（*The Fossil Avifauna of the Equus Beds of the Oregon Desert*）的作者，该

书由费城科学院出版，这是一本非常有价值的关于这个地区鸟类化石的考察回忆录。他仔细研究了我和俄勒冈州立大学已故教授托马斯·康顿(Thomas Condon)的收藏品，康顿教授的收藏品是由柯普教授在我采集到那些收藏品之后的几年中采集到的。

通过这3类标本，他发现了5种水鸟、9种海鸥，其中有两种是新发现的，这两种分别是由康顿教授和我发现的。柯普教授还介绍了一种新天鹅："这种天鹅是俄勒冈州前州长惠特克(就是发现了化石湖所在地的人)在该州上新世地层中发现的。后来，我的助手查尔斯·H.斯腾伯格找到了这种鸟。"属雁形目的一共有19种，如鹅、鸭、天鹅等，其中有两种是新发现的。

我还发现了一只火烈鸟，这只火烈鸟是献给柯普教授的，名叫"弗西尼科特勒斯"(Phcenicopterus copei)。薛斐尔博士说："在上新世时期，一只火烈鸟栖息在俄勒冈银湖地区的湖泊中，这是一个相当有趣的事实。"这些收藏品还包括一只苍鹭和几只黑鸭。飞禽有4只，它们是由柯普教授发现的，而我则有幸发现了一个全新的属和物种。有两种鹰，还有一只大角猫头鹰、一只黑鸟和一只乌鸦。

从该地区采集的其他化石遗骸中有6个属的鱼类，其中大部分是新发现的，还有15种哺乳动物化石，其中包括两只骆驼、三匹马、一只大象、一只狗、一只水獭、一只海狸、一只老鼠和一只大树懒"磨齿兽"(Mylodon)，它就跟灰熊一样大，还有一些其他的化石。

薛斐尔博士在他的回忆录中写道："托马斯·康顿是第一个访问化石湖区的科学家，大家对他的收获有目共睹。后来，柯普教授和他的助手查尔斯·H.斯腾伯格来了，他们采集了几百块骨骼和骨骼化石碎片。"在他的《高等脊椎动物》(*Tertiary Vertebrata*)第3卷第27页的序言中，柯普教授写道："1878年发现的第三纪地层是约翰戴伊、卢普福克和科仕床。查尔斯·H.斯腾伯格在华盛顿和俄勒冈对这些进行了研究，前者靠近沃拉沃拉堡，后者位于内华达山脉东部的沙漠中。最初由俄勒冈州州长惠特克发现的一个古老湖泊的盆地里，散落着骆驼、大象、马等动物的骨骼，这些都是斯腾伯格采集到的，并被安全运往费城。我在 1879 年考察了这个地方，得到了更多已经灭绝的哺乳动物的遗骸，还有一些最近发现的混杂着许多燧石的哺乳动物遗骸。”

也许一些读者会注意到柯普教授把我的探险时间误写成 1878 年，而不是 1877 年，薛斐尔博士把柯普教授到达化石湖的时间说成是在我之前，实际上是在我之后两年。

薛斐尔博士在其回忆录第 420 页中写道：“我们必须明白，人类那时是否已经存在仍然是一个谜，需要进一步的比较研究，以确定这些由人类制造的石器是从哪里来的，它们是在什么时候与动物的骨骼混合在一起，这些动物中的许多早已灭绝。”柯普教授就同一主题说道：“矿床中到处都是人类制造的黑曜石工具。其中有些做工很差，许多都包着一层不是很厚的防滑物，完全取代了它们表面的光泽。其他标本则跟刚成型时一样亮。这些燧石的丰富程度是惊人的，这表明一些动物可能是在猎人狩猎的时候被击中的，包括有翅膀的动物和其他的，它们经常在湖边出现。”

在写了刚刚提到的那封信之后，我仔细查看了化石湖附近的所有土地，渴望征服这个新的世界。有一天，我骑着马出发，穿过沙漠，希望找到另一个经过风吹之后化石床露出来的地方。一天的大部分时间我都在徒劳地寻找，就在我要返回时，被沙丘上伸出来的一棵死云杉的树梢吸引住了，树的其他部分已经完全被沙子掩埋了。

它唤起了我的好奇心，于是我爬到山顶去看云杉。然而，在我到达山顶时，没发现云杉，却看到了山下一个美丽的小山谷，在下山时，我无意中发现了一个印第安村庄的旧址。在小屋附近，有成堆的羚

羊、鹿、兔子等现存物种的白骨。这些骨骼没有一块是像化石湖的那些骨骼一样被石化了的。

在每间屋子的旁边，都有一大块火山岩研钵，研钵里都有一根杵。它们很可能是用来碾碎橡子和其他用来做面包的原料的。毫无疑问，曾经有一场沙尘暴迫使村民们逃命，他们连这些宝贵的研钵也没来得及带走。

我找到了一口冷水泉，它旁边有一个白色的沙丘，我从沙丘的侧面挖出了一个人头骨的后部。我说不出村子曾经有多大，因为它一直延伸到沙丘里去了。

我很快就通过满地废弃的黑曜石碎片以及磨得光洁且残缺不全的箭头和矛尖，以及刀子、钻头等诸如此类的东西，找到了这位古代的制箭匠的店铺，但我却没有发现任何铁制品的痕迹。

我拿了很多黑曜石碎片(后来我把它们送到柯普教授那里)，然后走回营地。可是我耽搁得太久了，还没到家天就黑了。我骑着马差点儿在沙漠里迷路。最后我终于找到了回去的路，但当我以为我的帐篷就在附近时，却没有看到营火所发出的"欢迎"我的光芒，这使我非常担心。最后我喊了一声，才听到一个微弱的回应。但即便如此，由于耳朵不好使，我还是找不到营地，只好等卢思里上来领我回去。

经过确认，化石湖那些跟骨骼混合在一起的箭头和矛尖与我在这个印第安村庄发现的一样，都是用同样的方法制作的，尽管后者被风化的程度轻一些，它们显然是最近才被沙子覆盖的。因此，我得出结论:这些混在里面的器具并不比这个村子古老，也许只有一百年的历史。这些野生动物很可能是被村里的印第安人杀死的，就在它们成群结队来到湖边饮水的时候。接着，一阵强风(就像吹过村子的风一样)把覆盖在骨骼化石上的沙子吹走了。而那些燧石由于太重，不能被沙子带走，就留下来和骨头混在一起。在我看来，这似乎是唯一的解释。而且加州大学梅里安姆(J. C. Merriam)这样的权威人士，在经过研究和探索之后也同意我的看法。他最近去过化石湖区，并向我保证说，他认为那里发现的人类工具与科仕床那些已灭绝的动物是同时代的这种想法是错误的。

我和卢思里每收集到一些化石，就把它们带到巴顿的牧场。有一天，我们出发晚了，但必须在天黑前回到牧场。就像往常发生的那样，我们注定会被耽搁。

在路上的某个地方，我们不得不经过一些泥潭，这些圆形泥潭的边缘被泥浆所覆盖。在潮湿的天气里，泥浆不断地沸腾却不会溢出来，但是那天，泥潭却被一层坚硬的干泥所覆盖，四面都开裂了。

卢思里此时正赶着那匹驮马，我叫他了一声，想提醒他当心马掉入这些泥潭里，但我还没开口，这匹可怜的马就掉进了又厚又脏的泥潭里。当它开始往下陷的时候，似乎意识到不妙，设法把前腿拔出来，跃到坚实的土地边缘。它陷在那里，背上大大的背包(装着我们随身带着帐篷和毯子)像救生圈一样帮它撑着不往下沉。

我们从马上跳下来，急忙跑过去抢救珍贵的化石，此时除了这些化石以外，别的一切东西都不重要。我们不得不割断把化石和装备绑在这匹马上的那根绳子。我们把它们安全地放在坚实的地面上后，在马的脖子上系上一根绳子把它从泥潭里拉出来。驮马当时吓坏了，于是尽它所能来配合我们。当我们把它弄出来的时候，它的样子非常“好看”，那种“好看”你一定想象不出来。它全身覆盖着一层黏糊糊的黄泥，我们怎么刮都刮不掉。我们不得不把它带到一条小溪里擦洗，我想，世上应该还从未有一匹马有过这样的待遇。

所有这一切都很耗费时间，在我们返回牧场时已经是深夜了。

回到房间之后，我们从巴顿先生的贮藏室里拿出东西来吃，这已经成了一种习惯，如果要巴顿先生帮忙打开我们的包裹，然后取出供应品，那就太麻烦了。所以，在把马拴到牲口棚里，给它们喂了大量的燕麦和干草后，我们就到贮藏室里去找东西当晚饭吃，因为那时我们已经很饿了。

晚饭后，我躺在柯普教授的"毯子"上，平静地抽着烟斗，这时我听见有人敲门。这使我感到非常吃惊，因为按照这个地区的习惯，进门前是不必敲门的。我喊道："进来!"一个矮矮胖胖的男人走了进来。他说他被黑夜"打败"了，而且他和他的队伍需要食物和休息场所，他问我能否收留他们。

"当然可以。"我回答道。我发现大多数人挥霍别人的财产都很慷慨大方。"我不是这个牧场的主人，但是你们可以把马拴在谷仓里，那里有很多干草和燕麦，还有很多食物。卢思里会告诉你去牲口棚的路，帮你解下绳子，等你们回来我再准备晚饭。"

他很感激我，在他们安置队伍的时候，我从巴顿先生的储藏室里拿了些食材，做了一顿热气腾腾的晚饭。我们午夜来访的客人非常喜欢这顿饭。

我回到床上，拿着烟斗，正兴致勃勃地与陌生人聊天，突然有一个念头闪过我的脑海。如果这个人是牧场主呢？我立即从床上跳起来，直截了当地问："你认识李・巴顿吗？"

"认识，我见过他。"他回答道。

"那是你的名字，对吗？"我问道。

"是的。"这个陌生人说。此时，我不知所措。但这是一个刚好可以看到巴顿先生为人的机会。当我为毫无顾忌地使用他家里的东西而道歉时，他告诉我，他觉得我们做得完全正确，如果我们没有那样做，他心里反而会不舒服。

他成了我真正的朋友和帮手，他的小木屋也成了我们一行人在10月寒冷夜晚避风的好地方。如果他能看到这几行字，我想再次对他的热情款待表示衷心的感谢。

第七章

到约翰戴伊河探险(1878年)

1877—1878年的冬天，我在华盛顿的松树溪露营，为了获得化石标本在它附近的沼泽地探险，并与水“搏斗”。我们挖了一个很大的竖井，一直挖到地下12英尺的砾石层，但是每天早上这个竖井都会在一夜之间积满了泥浆和水，我们不得不花几个小时的时间把井抽干。当我们终于弄清楚化石所在地时，已经没有时间和力气去获取化石了。我们日复一日地重复着这些工作。那个冬天我们每一天身上都是潮湿的，但幸运的是，水是温暖的，因此我们也没有感冒。

4月23日，我在沃拉沃拉堡有了一个团队和一辆马车，还有两个助理，分别是乔·赫夫(Joe Huff)和杰克·沃特曼(Jake Wortman)，后者是来自俄勒冈州的一个聪明的年轻人，他是由我哥哥乔治·M. 斯腾伯格(George M. Sternberg)在去年冬天介绍给我的。我哥哥当时是沃拉沃拉堡的一个外科医生。在过去的六个月里，沃特曼一直是我在松树溪营地的客人。后来，他在科学界被称为沃特曼(J. L. Wortman)博士。

我们沿着西南方向绕过蓝岭，穿过美丽的麦田。我们顺着尤马蒂拉保护区的凯尤斯车站向南行驶，爬上长长的山坡，一头扎进大环岛，这里曾经是一个古老湖泊的湖底，但现在是群山之间的一个可爱山谷。从这里，我们向南驱车前往贝克城，路过粉河山脉的锯齿状山峰，在峡谷镇看到了约翰戴伊河。

5月2日，我们在山另一边的一片大草地上露营。5月3日，我们穿过了崎岖的、被冰雪覆盖的山岭，由于马儿们的蹄子都很平，我们不得不另外为它们开辟出一条路。我们经过了一个很大的采矿沟时，那里有人正在挖金矿。到处都是坑洞、沟渠和土堆，整个地表都已面目全非。

5月5日，在经过峡谷镇之后，我们出发前往约翰戴伊盆地。几乎一整天都在下雪，我们在路上遇到了一个人，他告诉我们范霍恩牧场上有一个地方有许多化石叶子。走了16英里的路程之后，我们找到了那个地方，并在那里获得了一些很好的化石标本。我们在软泥质泥岩中发现了叶片印痕，数量非常多，它们代表了保存完好的第三纪植物群。那天晚上，我们吃了一顿鲑鱼，那是我在灌溉渠里钓到的。

5月6日(根据我笔记本上的记录)，我们工作了一整天。我采集了200个标本，沃特曼先生采集了85个。它们都非常漂亮，有橡树、枫树和其他物种。我还采集到了一些鱼骨，这是另一个我早期没有获得荣誉前的发现。柯普教授去世前几年告诉我，这些标本之前从未被检验过。

在这个地方，有一种密度很小的岩石，能浮在水面上。我把一大块这种岩石朝水里扔去，却惊奇地发现它顺着河流漂走了，这是我第一次看到这么轻的石头。

5月7日，我们从沃拉沃拉堡出发，走了15天的路程，来到了戴维尔，它距离约翰戴伊河的南支流有1英里。我遇到的第一批人当中有一个人名叫比尔·戴伊(Bill Day)，不久我就雇了他当助手。多年来，他一直在这里收集脊椎动物化石，通常会把它们送到马什教授那里。我在他和另一个山地人那里弄到了一大堆精美的化石，那个山

地人是沃菲尔德(Warfield)先生,他也花了很多时间收集化石。这两个人都是马什教授在这个地区考察时雇用的,他们都是非常细心的人。

我们在棉木溪扎营,并准备收拾东西进入一个盆地,也就是人们所说的小峡谷。约翰戴伊河有 150 英里的航线往东绕过了蓝岭,但是在棉木溪或者戴维尔,它转向北方,穿过山脉中心,形成了一条 4000 英尺的大峡谷,也就是所谓的深谷,从此被称为“画峡”。在这个峡谷中,河流沿着群山蜿蜒“前行”,形成一个巨大的马蹄形弯道,在几英里外的地方又向河流靠拢。这个圆形场地宽 3 英里,长 13 英里,景色美得惊人。色彩绚丽的黏土层和火山灰床中新世的约翰戴伊地平线给这个风景涂上了绿色、黄色、橙色和其他色彩,至于背景,在 2000 英尺高的地方,耸立着一排又一排雄伟的八面棱柱形的玄武岩石柱,它们紧靠在一起,最后一排顶上是常绿的松林、冷杉林和云杉林,可以说,没有任何一支画笔能描绘出这样壮丽的风景。

图 27　约翰戴伊化石层上部含化石的悬崖(由梅里亚姆还原)

图 28　约翰戴伊化石层中部含化石的悬崖(由梅里亚姆还原)

自白垩纪以来,当一片宁静的内陆海洋消失在几千英尺厚的堪萨斯白垩层下的时候,约翰戴伊地区就一直盛行着岩石火成论,到今天还是一样。事实上,我经常看到古老的胡德山的山顶上笼罩着可怕的烟雾,仿佛它正准备再次喷出熔岩的洪流,毁灭这里的一切。

当活火山喷发的时候,大量的火山灰烬落到了附近各地,也落在湖泊里,覆盖了沉积在那里多年的动物遗骸。接着,岩浆从森林里倾泻而出,直到它们被掩埋在 2000 英尺深的火山岩下面。这些巨大的熔融岩石从何而来,又是如何形成的? 一条堤坝横穿盆地,在 15 英里外,玄武岩柱像木材一样沿其边缘排列着。所以我们知道有一些熔岩是通过狭窄的裂缝从地壳中挤压出来的。

我记得有一次和海湾的隐士约翰尼·柯克(Johnnie Kirk)叔叔站在他的小木屋前面,他指着我们头顶上方的玄武岩峭壁,严肃地说:"这全都是植物。"他在森林底部被岩浆吞没的地方发现了一些森林化石,他认为整个岩体代表了相似的森林化石。

在把装备搬到化石床之前,我带上马,开始窥探这片土地。我顺

着一条有马走过痕迹的小道,沿着梅里安姆博士描绘过的马斯考特河床的峡谷西边的缓坡往上走,来到了一片高地,这里被证明是木溪和桦树溪之间的分水岭。在这里,我发现通向桦树溪溪口的小路非常陡峭,你要是在鞋底抹上鞋油,就会从几百英尺高的山路上面滑下去。我不敢骑马行进,于是就牵着马步行,但我很快发现,俄勒冈州的马有修长健壮的腿,骑上它比我自己爬上爬下强多了。

当我到达格兰德深谷入口时,我沮丧地发现,所有那些看上去富丽堂皇的绿褐色化石床都在河的对岸,我刚才提到的圆形场地就是从山的侧面凿出来的。河水宽度不超过30或40英尺。我已经学会了狗刨式游泳,为了找到一些化石和一个好的露营地,我决定尽快跳下河游过去。

当我跳入河中,才意识到自己考虑得太少了,这条被峡谷环绕的河流,正以惊人的速度流动着。我后悔不已,只能用虚弱的身体往前游,我像一根稻草一样无助。我碰到了河底的一块大石头,于是把头探出水面5英尺,深吸一口气,然后又闭上嘴往前游。河水把我像软木塞一样抛来抛去,一会儿把我拍打到岩石上,一会儿又把我抛向空中,然后又飞快地把我卷进水中。感谢上帝!最后它厌倦了我这个"玩具",把我扔到一边的深水里,在一棵柳树下,我急忙抓住一棵柳树的枝。我一直吊在那里,直到恢复了足够的力气才成功上岸。

约翰戴伊化石床的脊椎动物化石还在河对岸,那些我冒着生命危险要找的东西还未找到。我不愿就这样回去,我在河边徘徊,突然惊喜地发现了一只旧船被困在一堆浮木里。我徒手把旧船弄了出来,却发现它的接缝裂开了,底部满是洞。我没有气馁,找来了一块块黏糊糊的黏土块堵住了船洞,并冒着被洪水淹没的危险,设法在船沉没之前赶到了对岸。

我在峡谷口找到了一个很低的地方宿营,它通向平坦的乡间,就在约翰尼叔叔小屋前面的一条小溪边上。我对自己在化石床的探索很满意，因为我发现了一个高齿羊的头骨化石，这是一种像猪一样的动物，而且根据大量的头骨和骨骼来判断，当这块化石沉入该地区的湖泊的时候，它们之前一定是成群结队地生活在这里的。这些动物有食草的习性。约翰尼叔叔总是称它们为熊。他经常带一个头骨回到营地，然后说："这是另一只熊的头，我在弗吉尼亚州杀了几百只熊。"

我兴高采烈地回到营地，正打算收拾东西第二天进入盆地，这时候，那匹马的主人乔·赫夫(Joe Huff)很讨厌地说，他拒绝把它们装起来，因为他不想弄伤马。我跟他说我雇他来就是要让他做我要求他做的一切，但还是没用，他还是不为所动。所以我在结清他的薪水之后就把他解雇了，我目送他光着背骑着马，动身回他在爱达荷州莫斯科附近的家。我为他感到难过，但他脾气倔强，我也无计可施。在我雇了比尔·戴之后，乔·赫夫想让我不计前嫌，重新雇用他，但是已经太晚了。

我想比尔·戴的体重一定有 180 磅，但他很细心，是一个打猎能手，还是一个敏锐的观察者。他养了一群马，给我提供了我想要的一切。他知道化石床的每一寸地方，也知道所有最好的露营地，因此他对我来说真是无价之宝。他还不断地为我们的贮藏室供应鹿肉。我认为我在那个地区的成功和他的帮助密切相关。我还得感谢一位名叫马斯考尔(Mascall)的先生，他居住在河的尽头。在他住的那个小木屋后面，还有一座空闲的小木屋，当我们获得化石之后，他就让我们把它当作储藏室，用来储存食物和化石。

马斯考尔先生有妻子和一个女儿。当我们经过几个星期的露营后到达他家的时候，我们就好像回到自己家一样，可以脱掉鞋子把脚放在桌子下，吃着美味的食物，用陶瓷杯喝着咖啡，睡在羽毛褥垫上

而不是硬床垫和毯子上。马斯考尔先生是一个很好的园丁，我们总有新鲜的蔬菜吃，这对于经常吃热面包、培根和咖啡的我们来说，是一件令人愉快的事。我永远不会忘记他的盛情款待。

一切准备就绪后，我们坐着马斯考尔先生的船过河了。接下来，把背包整理好，开始爬山，爬到山顶往往需要花费我们半天的时间。然后，我们爬上陡峭的山坡，越过一座座山峰，来到好客的约翰尼·柯克叔叔的小屋。那是一幢12×14英尺的原木结构的小屋，它的屋顶有点儿摇晃。他独自一人生活在这里，偶尔有个牛仔或化石猎人出现。我们在他家附近搭了个帐篷。

不远处有一大片荒山，这是约翰戴伊盆地最大的一块荒地。它被分割成各种奇奇怪怪的形状，包括山峰、山脊、城垛，它们有细长的尖顶，通常都有100英尺高，就像哥特式大教堂的尖顶一样。它们的山顶上覆盖着坚硬的混凝土，这些混凝土保护了它们几乎垂直的两侧不受侵蚀。

排水渠比较分散，就像一把扇子的“肋骨”一样，汇聚在入口处，对一个在雨天偶然被困在此地的人来说，这就是一场灾难，因为陡峭的山坡以惊人的速度把水“推”下来，他来不及转身，就被几英寸深的水吞没了。一听到雨水打在我们头顶的岩石上，我们就会爬到一个很高的地方，一直等到暴风雨过去，水都流干了才爬下去。有时，由于河床太陡，即使是一条20英尺深的沟渠，雨一停就会干涸。

这个地区水流的力量给我留下了深刻的印象，这体现在漫长岁月中坚硬的岩石被切削形成的巨大峡谷上。不仅如此，有一次，我在约翰尼叔叔小屋前的溪口发现一个堤坝是由一堆至少重20吨的玄武岩堆积而成，且这些玄武岩是由3英里外的山上的水流冲下来的，搁浅在那里，我感到很惊奇，简直是目瞪口呆。约翰戴伊河的水流将巨石带到那里，在一些地方筑起了堤坝，或形成了一些急流。

图 29　马斯克尔地貌中含化石的悬崖(由梅里亚姆还原)

图 30　克拉诺地貌中含化石的悬崖(由梅里亚姆还原)

我很快发现化石床中容易到达的地方都被仔细翻过了。我们不时会看到一堆已经断裂的骨骼化石和一个已被挖出头骨化石的洞穴。当我问比尔把化石骨架留在身后的原因时,他说:“我们只是要找到头骨,一些关节可不要。”这就解释了为什么第一批收藏品中的化石骨架会那么少。我觉得团队应该重视每一块我们发现的骨骼化石。

我意识到，我们要想探险成功，就必须爬到之前没有人敢去的地方。但攀登这些几乎垂直的山体可不是闹着玩的，简直是拿自己的生命在冒险。山上完全没有植被，在不太陡的地方，到处都是岩石碎片，这些碎石从上面的人脚下会滚落下来，可能会把下面的人砸到峡谷里去。我把事实摆在我的两个助手面前，对他们说，如果他们不愿意面对危险，我们将不得不放弃这次探险。我们已经在安全的地面上进行过探索，但没有取得任何成果。结果他们都勇敢地表示愿意跟随我。

每天早晨，我们都冒着极大的风险出发，每个人肩上扛着一个收集袋，手里拿着一把做工精良的镐。镐不仅用于挖掘化石，在攀登中还是绝对不可或缺的辅助工具，如果我们不小心滑落，它就是我们的锚。当我们早上离开营地的时候，从来都不能确定晚上我们还会不会集合，因为在悬崖上走错一步就意味着死亡，或者落在下面那些无情的岩石上无法返回。但是每一天，我们都很有信心，并且可以越来越熟练地使用镐。

在我们之前的化石猎人用镐留下标记的地方，在山羊走过的荒野之上，我们开辟着自己的道路，每次把脚抬到4英尺高能够得着的凹进去的地方，然后再贴着这些岩石一点点儿爬上去。每走一步，我们都会快速检查一下悬崖表面，在成千上万、无处不在的尖顶上，在岩石斜坡的投影间，寻找牙齿尖或骨头尖，它的头骨形状揭示了藏在里面的宝藏。我们每发现一个化石，就从悬崖表面凿一个足够大的地方，然后把标本挖出来。

在这次寻找化石的过程中，我能说出100个死里逃生的故事。有一天，我站在两块长方形的混凝土上，大约1英尺长，有一个深50英尺、宽3～4英尺的裂缝突然出现在我面前。我仔细看了周围的岩石表面后，开始往峡谷另一边的一个狭窄的岩架上跳去。突然，我从脚下的两块混凝土上滑了下去，我头朝下扎进峡谷里，经过半空中的自救行动，我成功地抓住了一块突出的岩石。我一直坚持找到一个立足点，然后在坚硬的岩石上着了地。

还有一次，我正在爬一个陡峭的斜坡，上面有一个垂直的凸出物。我想我可以爬过它，然而爬到山脊的顶端，却发现山脊一直延伸到山上，于是我只好找一条下山的路。要明白，我永远不能走回头路，因为找不到当初爬上去的路。所以我必须先到达顶端，然后再找下去的路。这一次，我已经连续工作了几个小时，正忙于在岩石表面寻找化石，一点一点往上爬着，没有留意到自己到了哪里，直到偶然往上一看，才发现我正在攀登的斜坡上方是悬崖峭壁，我知道不可能到达山顶。我多想找个地方坐下来，等其他俩人想起我了，然后来找我。他们可以用别的方法到达岩架的顶端，再把一根绳子放下来拉我。还好我最终在岩石边缘找到了一条垂直的缝，这条缝足够宽，可以容下我的身体。于是我就像试图爬出一口狭窄的井一样，把背靠在一边，脚蹬在另一边，最后爬到了山顶。

但是这样的经历并没有使我们胆怯，反而促使我们进行更危险的尝试。有时候我们也很鲁莽，我记得有一次，比尔在一座由凝固的火山泥构成的垂直悬崖上发现了一个头骨化石，悬崖的尽头是一条一直延伸到山岗的山脊。头骨化石位于离悬崖顶部 20 英尺高的地方，离山脊表面太远，从上面根本够不到，所以只能爬上悬崖。我在悬崖一边凿了洞，比尔在另一边凿洞，我们爬上去，直到可以用镐够到标本为止，然后一只手攀住那个洞，另一只手拿着镐。我用我的右手，比尔用他的左手，我们一起去挖那个标本。

岩石很硬，我们花了很长时间才把标本挖出来。当我们工作时，听到一只山羊在咩咩地呼唤着小羊。如果我们伸出手，就可以把手伸到悬崖的边缘，然后把自己拉上来，这样我们就可以看到它了。那

只山羊正从山脊上兴奋地向我们走来,大声呼唤着小羊。我模仿小羊的叫声,它加快了速度向我们走来,显出一副轻松的样子。

“如果它把我们顶下去怎么办?”我跟比尔说。此时我们的手脚紧抓着岩石表面,这样的姿势极其有趣,他开始笑了起来,我越想让他安静下来,他的笑声就越大。当我把羊引到离我们不到10英尺的地方,它发现我们之后,就像闪电一样转身向1英里外的山里跑去。小羊从旁边的峡谷里出来,跟在它妈妈的后面。它们后面腾起大量尘土,我们远远地看着,一直到它们看起来像一只兔子和一只地松鼠那么大为止。

那些我们从约翰戴伊河床上发现的化石中,有一副巨大的“完齿兽肱骨”(Elotherium),这是柯普教授命名的,它的肱骨化石移位了。我们在干草堆发现了这个化石标本,它侧卧着,脚趾伸出斜坡的表面。上面有几千英尺的火山岩。接着,我们用镐和铲子把它周围清理干净,当我们挖到肱骨和股骨的中心时,才发现它们整齐地断裂了,这是由于地上的泥土滑落下来把骨骼化石压断了。我感兴趣的是它的哪一边沉下去了,沉下去了多少。如果是朝向开阔山谷的那一面,那么化石骨架的其余部分一定是被冲走了,因为骨骼化石上方的斜坡与它们侧卧的地面成45度角。如果是另外一面沉下去了,而且滑得不太厉害,就能找到剩下的骨骼化石。在这个希望的鼓舞下,我们花了几天的时间努力工作,最后幸运地在比原来的高度低3英尺的地方发现了断裂的骨骼化石。

当绵延数英里的山脉向地心滑落3英尺的时候,地壳的震颤得多厉害啊!难怪当旧金山发生类似的断层时,所有人类杰作都成了废墟。这个完齿兽的化石在美国自然历史博物馆展出后,美国自然历史博物馆购买了柯普教授的收藏品,包括我在他的探险队那8年时间里收集到的所有化石。

我在约翰戴伊中新世顶部的棉木溪河床上发现了一块大骆驼的圆柱形足骨化石。当我仔细研究这块化石时，发现它由两个对称的部分组成，中间由一根薄骨隔开，两边各有一根髓管，我相信这两块骨骼化石曾经是截然不同的，就像猪的掌骨和跖骨不相同一样。抱着这个想法，我一直在老河床上寻找骆驼的骨骼化石，有一天当我在约翰戴伊河上偶然发现了一副化石骨架，它已风化得不成样子，我是在一个斜坡上发现它的，此时我已经无法用语言表达我的喜悦。在我拿起两块胫骨化石之前，就知道我的想法是正确的，事实毫无疑问地证明了在活体形态的骆驼祖先中，前足的掌骨和后足的跖骨是截然不同的。因为这个标本所代表的物种对科学界来说是新发现，为了感谢我，柯普教授把它命名为“骆驼科斯腾伯格”(Paratylopus sternbergi)。沃特曼博士后来发现了这个物种的头骨化石，现在这两个标本都在美国自然历史博物馆展出。

我对远古时期的骆驼胫骨得出的结论，与达尔文(Darwin)、马什和赫胥黎(Huxley)得出的结论一样，远古时期的马有三个脚趾。他们发现远古马的小掌骨跟犀牛的侧脚趾差不多，分别位于中掌骨和跖骨的两侧，他们认为这是马的祖先遗留下来的侧脚趾。后来，我们还发现了一匹三趾马的化石。

我还在这些河床上找到了一块野猪和一块岳齿兽的头盖骨化石，这两种化石都是新发现的，是柯普教授所描述的那种头盖骨化石。还有两块肉食动物的头盖骨化石，其中一块被柯普教授命名为“狭叶龙属德比利斯”(Archcelurus debilis)，它和美洲豹差不多大；另一只是狗，和郊狼差不多大，被柯普教授命名为“黄昏犬思特诺菲拉斯”(Enhydrocyon stenocephalus)。“对鼻角犀纳努马什”(Diceratherium nanum Marsh)的美丽头骨化石是我在这里的另一个发现。所有的化石标本，包括来自同一河床的其他啮齿动物的头骨

化石,现在都在美国自然历史博物馆展出。

当然,这些只是在河床上获得许多化石标本中的一部分,博物馆的抽屉和托盘里收藏着数百件展品。有人告诉我,要花25美元才能在博物馆里得到一份约翰戴伊化石清单的复印本,清单上有许多化石标本是我的团队发掘到的,或者是我从沃菲尔德和比尔·戴伊那里买来的。柯普教授曾经写信给我说,我在那里收集的化石标本代表了大约50种已经灭绝的哺乳动物。

7月的一天,我把杰克·沃特曼留在化石地里,自己牵着一匹驮马,动身前往戴维尔。我打算和马斯考尔先生在那里待一整夜,留下我的化石,带回一车粮食。一大群尤马蒂拉印第安人在福克斯草原的山顶扎营,我们在小海湾的营地东边大约6英里的地方,比尔·戴伊丢失了一匹马,他就到那里去找它了。

当到达戴维尔的高山上面时,我俯视着狭窄的约翰戴伊山谷。虽然已经是中午了,但没有炊烟从房子的烟囱里冒出来。麦子熟了,已经可以收割(那地方没有机器,他们不仅用马帮助他们来收割粮食,还用它来打谷)了,但是没有人在田里干活,牧场上也没有牲畜。这意味着什么呢?我问自己。当沿着长长的小路走到河边时,我突然有一种可怕的预感。是瘟疫杀死了这些我所熟悉的人吗?还是他们都为了躲避敌对的印第安人而带着马和牛逃跑了?

当我来到河边之后,大声呼叫马斯考尔先生,希望他可以划着船过来带我过河,虽然我不指望他听到并回答。然而,令人高兴的是,我看到他从房子里出来,沿着小路走到小船旁,穿过树林,进入一条河。在他划船的过程中,我一直在喊叫:“出了什么事?所有的人都到哪里去了?”但是,直到我带着背包和马鞍上了船,我们开始往回走的时候,他才回答了我离开山顶以来一直在问自己的问题。

有300个班纳克或蛇族印第安人,在他们选出来的首领伊根

(Egan)的带领下，已经离开了南方几百英里外的部落，在偷了 6000 匹马（主要是从法国兄弟的牧场那里）之后，现在正向北走，正要进入福克斯大草原，与乌玛提利亚斯的酋长霍姆利（Homely）会合。正在紧追着他们不放的霍华德将军在进军之前派了一名信使到约翰戴伊山谷的定居者那里，建议他们在中部的某个地方集合起来，搭起一个栅栏，把妇女和孩子带到里面，以躲避奸诈的红皮人。除了马斯考尔先生和一位在向南 1 英里处的棉木溪经营邮局的老人之外，山谷里的每一个人都听从了这个建议，来到了西班牙峡谷，集中在西南约 10 英里的山区的一个矿业城镇。

太阳快下山的时候，比尔·戴伊进来了，他在印第安人的营地里听到了这个消息。他立即让我们把一切都放下，到西班牙峡谷里去。他说我太蠢，竟然想冒着生命危险回去警告杰克。在上山的一条长长的小道上，我们应该能看到南福克，估计印第安人会从那里下山，我们要爬上那座 4000 英尺高的山，然后躲在另一边的峡谷里，这估计需要半天的时间。然而，我并未被他说动。我告诉他我要回去，而且要他跟我一起回去。我们不能把杰克一个人留在营地里，我们完全不知道他会面临怎样的命运，他不知道敌对的印第安人离他很近，我们有责任告诉他。

“好吧，”比尔·戴伊说，“我要为自己着想，我不想招惹任何印第安人。如果你想，那你就去自找麻烦吧。”

我所有的炮弹（大概有 300 枚）都是空的，但我有足够的火药和铅，我还有最好的远程步枪，重 14 磅，能发射 120 颗铅弹和 70 颗火药弹的夏普。我开始清理并给它上油，然后在壁炉前待了一整夜，熔化铅，铸造子弹，装填炮弹。比尔也没睡觉，他拿着枪守在一个舷窗边，从舷窗可以清楚地看到房子周围的空地。

第二天早上，我独自骑着马沿着小路去小海湾。杰克由于还没

有意识到危险,可能正在化石床上工作。这似乎是一段漫长的旅程,我想,在每一丛灌木和每一堆岩石后面,都可能有一个印第安人埋伏在那里。但是,我终于走出了这个深谷,我松了一口气。不久,我在化石床附近看到了杰克的马,发现杰克正被自己的一项非常了不起的发现深深吸引着。

当我告诉他这个消息时,他想把一切都放下,然后飞奔到寨子里去,直到战争结束。但是这样不行,我的帐篷里有许多精美的化石,帐篷位于一个开阔的山谷里,在方圆数英里的地方一眼就能望见,很快就会吸引有敌意的劫掠者来到这里,之后,他们可能会放火烧了帐篷,使我们这几个月的工作成果都付诸东流。因此,我坚持将一切"缓存"(太平洋沿岸用于形容"隐藏"的词语)起来。我们拆掉帐篷,把它连同化石和其他所有的装备一起藏到一个秘密的地方,然后在上面堆上一大堆灌木。做完这一切,我们就逃离了。

当我们到达河边时,比尔和马斯考尔先生在一起,他们把船开了过来。然后,两个人都坚持说我们不要再耽搁了,因为我们已经冒着生命危险贸然行动够久了。但是在马斯考尔先生小屋后面的小木屋里还收藏着大量珍贵的化石,由于标本都裹在粗麻布里,如果印第安人烧毁了那座木屋,标本就会被毁掉。假如印第安人来了,他们肯定会这么做。我没有箱子,但我有一些从附近的一个磨坊里弄来的新木材,所以,我拒绝马上离开,并脱下外套,去锯木材做箱子。其他的人都枪不离手,并且整夜守候,因为每时每刻都有可能听到印第安人的呼喊声。

天亮的时候,我已经把每一块化石都整整齐齐地装在一个小盒子里,然后大家抬着它,把它搬到一个河岸底,藏在一根大葡萄藤下面,这样葡萄藤就把它完全盖住了。再把枯叶扔到小路上,我感到非常满意,因为我们已经尽了最大的努力。由于我们不能说服马斯考尔先生放弃他的财产，所以我们只能离开他，向峡谷出发。我们发现，几乎所有的定居者都把房子安在寨子里，寨子是用松树原木搭成的，占地面积足以容纳他们的队伍、马车、牛群和他们自己。

我意识到我们不可能在约翰戴伊河床上做任何工作了，因为每时每刻都要担心印第安人的出现，我想这将是一个很好的时机，到达拉斯去看看那些化石湖的化石怎么样了。化石湖的这些化石是一年前寄出的，却不知在什么地方弄丢了。我收到了弗伦奇(French)先生寄来的样品收据，我想他一定是俄勒冈蒸汽航海公司的代理人，因为他的信头写着“O. S. N.公司的货运代理”。但我多次写信给达拉斯的代理人，却没有得到任何答复，而柯普教授则在费城的另一头，派人在他能想到的每条路线上寻找化石。

伍德(Wood)先生是几百匹马的主人，他赶着这群马到达拉斯附近的一个地方躲避印第安人，我也加入了他的队伍。但是那几百匹马扬起的大量尘土，几乎使我窒息，于是几天后我决定，我宁愿失去头皮，也不愿被闷死，于是我离开了他，独自前行。一路上，男人、女人和孩子们都在逃难，前往达拉斯。在人们本该收割粮食的时候，却有几十座房屋和农场被遗弃。我一生中从未见过这样的辛酸和恐惧的场面。有多少白人在逃命，就有多少印第安人在打仗，他们每个人都在责备霍华德(Howard)将军，说他没有在敌人发动进攻之前消灭敌人。

我遇到了那个把我在化石湖的采集物拖到达拉斯的人，第一次知道了事情的真相。看来，它们从来没有被运走过。弗伦奇先生有一个仓库，然后由蒸汽航海公司运送货物，而我的货物在仓库被其他东西遮盖，被完全遗忘了。当我得知它们平安无事时，感到无比兴奋。

我把这些贵重的东西从仓库里搬出来，然后回到峡谷，没有看到一个印第安人，却发现那里的人们仍然非常激动。霍华德将军派人

去通知大家,可以去跟随伯纳德上校的领导,每个公民都要自备坐骑和武器,但可以从政府那里领取口粮。我试图说服一些人接受这个提议,但没有一个人愿意去。最后,我实在厌倦了待在营地里的生活,于是就问有没有一个志愿者愿意和我一起到约翰戴伊山谷去,看看马斯考尔先生和那位当时不肯离开的老人过得怎么样。起初没有人愿意,但后来利安德·戴维斯(Leander Davis)先生同意了,他多年来一直在为马什教授寻找化石。我们上了一辆马车,装上毯子和供给品就出发了。

在发现马斯考尔先生和老人都很好,而且没有印第安人的影子之后,我们都松了一口气。我们继续向东走,穿过了约翰戴伊山谷的南叉口,所有关于印第安人迁徙的怀疑都消除了。因为在一条宽阔的小路上,有6000匹马和300名印地安人在干燥的土地上留下深深的痕迹。他们先是往北走,然后再沿着斜坡往下,往峡谷镇公路的主岔路走了。

我们骑在马上,沿着这条小径向南望去,看见大约有6个人骑马向我们走来。我们知道他们一定看到了我们,于是决定待在原地,看看他们到底是什么人。不久,我们看到马刀和金钮扣闪着光,很快,霍华德将军和他的部下就骑马疾驰而来。我从他的肩带和空袖子认出了霍华德将军。为了保卫国家,他失去了一条胳膊。

我们向他敬礼,他问我是否看到了他的驮队。当我回答“不”的时候,他问我是否知道在哪里可以找到培根,因为他和他的助手,以及他们背后的军队,已经靠没有任何盐的新鲜牛肉生活了三天。我告诉他桥对面有个烟熏室,然后他派了一个侦察员过去检查。那人很快就回来了,报告说不仅满屋子都是培根,而且房间里的桌子上也摆好饭菜,杯子里装着冷咖啡,还有面包、冷培根和土豆,全都可以食用。显然在当时,人们刚坐下来吃晚饭,就有人冲进来报告印第安人要来了，于是他们全都把椅子往后一扔，逃命去了。

在将军和他的士兵们坐下来饱餐一顿时，利安德和我继续沿着小路往前走。在一个农民做奶酪的地方，我们发现许多大奶酪在路上滚过的痕迹。我们沿着它们在厚厚的尘土中留下的痕迹前进，把它们中的一个放进我们的背包里。我们走进路边的一所房子，发现印第安人把所有的家具都弄坏了，包括缝纫机在内。在前室，他们倒出一桶糖浆，铺上几袋面粉，然后把一只毛茸茸的小狗放进了这些混合物里面。可怜的小家伙死了。再往前走，我们发现一个牧羊人的家被烧了，附近有 2000 只羊被肢解，然后成堆扔在一起，奄奄一息。几天后又发现了这些牧羊人的头皮。农舍里的一匹母马由于跟不上马群的速度也被杀死了。

几天后，在 7 月 29 日，我相信将会有一次日全食。天空就像黄铜一样，空气中弥漫着一种特殊的味道，这是我生命中从未经历过的。有报告说印第安人回来了，烧毁了沿河所有的农舍。当时我和利安德·戴维斯在一起，我们骑马来到帕金斯牧场，有很多人聚集在那里，因为害怕印第安人，他们就轮流站岗。我们骑上马时，他们就站在旁边，不知道这是什么意思。那些狗在门廊上乱蹿，鸡在休息。没有风，一切都异乎寻常的寂静。那些人低声欢迎我们。

我从马上跳下来，问珀金斯(Perkins)是否有碎玻璃片。他说西窗下有很多，于是我去拿了一些，所有的人跟在我后面，听完我对这种现象的解释之后，他们大为放心。我们拿了一支蜡烛，把玻璃片熏黑，透过它们观察日食的全过程。

这对敌对的印第安人产生了更不好的影响。士兵们占有了所有的小船，夜以继日地在河上巡逻，似乎阻断了他们从哥伦比亚河过去的路。霍华德将军的军队跟在他们后面，沃拉沃拉堡的军队在他们的两边，前面是河流，他们的处境很糟糕。此外，弗兰奇兄弟和俄勒

冈州州长悬赏2000美元要换伊根的头颅。

尤马蒂拉印第安人被指控在白天假装帮助白人，而在晚上却真正帮助蛇族印第安人。于是司令官派了一队士兵去抓捕霍姆利其他首领的妻子和孩子，并将他们作为人质。当霍姆利的这些首领要求指挥官释放他们的家人时，得到的答复是如果他们能抓住伊根并把他交给当局，他们不仅可以领回妻子和孩子，还可以得到2000美元的奖励。否则，他们的家人仍将被扣押。

伊根和霍姆利约定在某个时间会面。当伊根骑马从营地出来时，他身后跟着一个勇士，这个人是蛇族印第安人。霍姆利也出来迎接他，他们在两营中间相遇，然后一起向右转，骑到约定好的举行祈祷仪式的地方。但是，就在他们肩并肩骑着马的时候，霍姆利对他的勇士说了一句话，就突然举起枪向伊根开了一枪，而他的勇士则也向那个蛇族印第安人开枪了。然后他们立即砍下死者的头颅，骑马回到白人那里，要求得到酬金。大约在同一时刻，日食发生了，可怜的蛇族印第安人失去了他们的首领，以为世界末日到了，就丢下一大群偷来的马，纷纷地四散逃去，最后都被捕了。

战争就这样结束了，我和队伍一起收拾好东西，回到了小海湾，拿了衣服和化石，就搬到干草堆谷去了。整个冬天我都待在那里，接下来的季节里又收获了一大批收藏品，其中的许多标本被柯普教授写入《高等脊椎动物》第3卷中。在第26页和序言的后两页，他向他的采集家们致以崇高的敬意，我很高兴在此引用一段他本人的话："同年(也就是1877年)，我聘请查尔斯·H.斯腾伯格对堪萨斯州的白垩纪和第三纪地层进行勘探。经过一番成功的搜寻，我和斯腾伯格先生去俄勒冈州。1878年勘探的第三纪地层是俄勒冈州的约翰戴伊和卢普福克。对约翰戴伊的研究主要集中在约翰戴伊河，对卢普福克的研究主要集中在同一地区的不同地点。这些化石代表了大约

50种动物，其中许多化石的保存状况都很完好。”

在提到其他探险者的工作后，他接着说：“斯腾伯格先生1878年的远征因班诺克战争而中断，他本人和沃特曼先生都被迫离开他们的营地，在野外装备好，然后骑着马飞奔到了安全的地方。很明显是对科学的狂热追求使这些西部荒野的探险者去探险，而经济上的回报不过是次要的诱因。我还要指出，上述这些绅士们所表现出的勇气和对物质享受的漠视，是他们的国家应该引以为傲的品质，值得受到最高的赞扬并在各个领域内进行效仿。”

在结束这个有趣的话题之前，我想向读者谈一下柯普教授笔下的大剑齿虎——“须齿兽普拉第柯普斯”(Pogonodon platycopis)(图31)。我不记得是谁第一个发现了这个化石标本，但几个星期以来，每个收藏家，包括沃特曼·戴维斯和我，都在试图想办法来采集它。这个头骨化石位于山体的一个尖顶上，大约有3～4英尺高，像教堂的尖顶一样向上逐渐变细。它的顶部直径只有1英尺。我们知道它不够结实，支撑不了梯子的重量，而且它太陡，爬不上去。如果使用火药，它那排似乎冲我们挑衅的牙齿就会变成碎片。

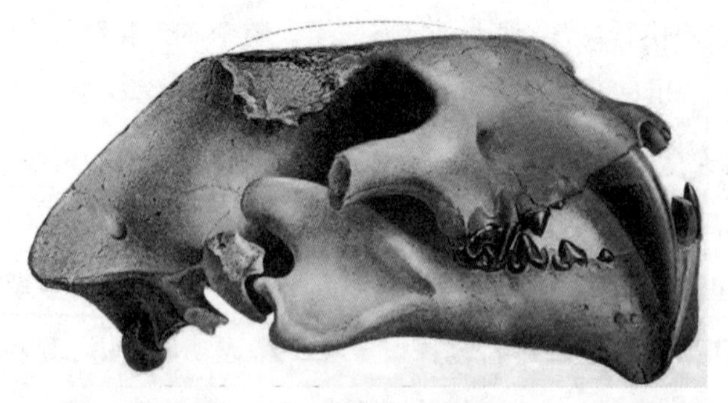

图31 大剑齿虎“须齿兽普拉第柯普斯”的头骨化石

利安德·戴维斯于1879年在约翰戴伊河发现(经由克苛修复之后)

不管利安德·戴维斯是用什么方法采集来的，这都是一项最勇

敢的壮举。柯普教授公正地发布了利安德·戴维斯采集这个化石的事迹。今天,这一描述还被附在头骨化石上,成千上万的人都能读到戴维斯为科学保护化石所做的贡献。柯普教授说他凿出了一个个凹槽,然后爬上了塔尖。然而,我记得他把一根绳子绕在塔尖上,让它落在他认为足以支撑他体重的地方。然后,他一点一点地拽着绳子往上爬,站直了身子,捡起化石,没有对岩石施加任何压力,又紧抓住绳子,安全地下来了。然后,他把绳子从尖顶上猛拉了下来。

虽然他是怎么得到头骨化石并不重要,但我愿意作证,这是我在约翰戴伊河床上看到的最勇敢的壮举了,只要科学继续存在,利安德·戴维斯的名字就应该与这个曾经存在的最大老虎之一的珍贵化石标本联系在一起。令我高兴的是,横跨海湾的大堤也以他的名字命名。

是什么促使一个人在化石床上去冒着生命危险工作呢? 我只能代表自己作答,对我来说,有两种动机:一是渴望增加人类的知识,这一直是我生命中最主要的动机;二是狩猎的本能,它深深植根于我的内心。不是要毁灭生命,而是要看到它。对野生动物有深沉的爱的人,不是那些无情地夺走它们生命的人,而是拿着相机跟在它们后面,带着深切的同情研究它们,并在各种各样的栖息地拍摄它们的人。因此,我喜欢远古时代的动物,我想在它们生存过的自然环境中认识它们。对我来说,它们从来都没有死。我发挥自己的想象力,将“枯骨之谷”变得有生命力,这样不仅有活生生的动物站在我面前,而且它们所居住的地方也在迷雾中变得越来越清晰。

当我回到那遥远的世界时,心中充满了敬畏。读者们,请停下来想一想! 在约翰戴伊地区,在白垩纪奈厄布拉勒组之上,有一万英尺或将近两英里的沉积岩和火山岩。1908年夏天,我在那里挖出了一个非常漂亮的堪萨斯沧龙的头骨化石,现在展现在我面前的“板踝龙苛里菲斯”(Platecarpus coryphceus)，它闪亮的牙齿跟它在捕食猎物的时候一样完美。那一万英尺的建筑有多少年的历史？这些携带着砂砾的流水要花多长时间才能凿出这些河谷，才能露出这些各种各样的记录了远古时期动物生活的地层？然而，这一切都发生在沧龙经过最后一场战斗，然后沉入白垩纪海洋的波涛下之后。

图 32 “板踝龙苛里菲斯”的骨骼化石

图片是查尔斯·H. 斯腾伯格发现时候的状态，后被送往图宾根大学进行组装

第八章

第一次探索得克萨斯的二叠纪(1882 年)

我第一次到得克萨斯的二叠纪探险是在 1882 年,当时我负责为哈佛大学比较动物学博物馆收集资料。

12 月 15 日左右,我离开了北剑桥车站,在 12 月 21 日抵达达拉斯,来找罗斯勒(A. R. Roessler)。但是我在邮局被告知,这个城市里没有叫这个名字的人,也没有这个地址。我一直希望从罗斯勒先生那里得到消息,因为我对得克萨斯二叠纪床的所在之处知之甚少。海登博士曾写信给我,让我寻找红色河床,直到我找到它们为止,这些河床染红了整个河谷的冲积平原,当我到达得克萨肯纳时,看到了那里的红土,但要踏遍这条大河所在的整个山谷,估计需要几年的时间。我觉得这将是徒劳无益的工作,我想我的脸上肯定露出了沮丧的神色,这时邮局局长询问我是否需要帮助。我把自己的烦恼告诉了他,他说镇上有一位名叫康明斯(W. A. Cummins)的教授,一年前他曾是柯普教授的助手。

我受到了极大的鼓舞,飞快地向康明斯教授的家里走去,在门口遇到他的妻子,她告诉我教授现在在奥斯汀,我的心情一下子跌到了谷底。如果说一个女孩的容貌是她的财富,那么一个男人的容貌有时也是他的财富,也许是我长得帅吧,我获得了康明斯太太的同情。

当我告诉她我来得克萨斯州的原因时,她回答说:“为什么不来呢?康明斯教授去二叠纪床探险的时候,我跟他一起去了。”然后,她把我认为很重要的情况都告诉了我。

她听说他们把总部设在贝勒县的西摩,位于布拉佐斯河和威奇托河之间。我想西摩的任何人都能告诉我这些化石丰富的地区的确切位置吧。后来我发现事实并非如此,这使我很难过。我花了几个月的时间在贫瘠的河床上仔细探索,终于找到了化石丰富地区,那里有我一直在寻找的神奇的两栖类和爬行类动物化石。

我兴高采烈地坐上了去戈登镇的火车,这是西摩以南畜牧业很发达的镇,也是距离得克萨斯二叠纪床最近的地方。我在平安夜到达那里。我是那一站唯一下车的乘客,并受到了大约20个牛仔的欢迎,他们的头头问我从哪里来,我立即回答:“从波士顿来。”

“你想去哪里?”他问。

“去镇上最好的旅馆。”我回答。

“好吧!”他说,“我们带你去。”果然,他们做到了。他们排成两队,让我走在他们中间。接着,我前面的两个人把他们的温切斯特手枪从前面放到我的肩膀上,后面的两个人也举起了手枪,一听到“随意开火”,整个队伍就开始开火,一直到旅馆。那里出现了一个女孩,她走了进来,手里拿着一盏没有烟囱的灯,男人们对着门廊,让我进了旅馆。我先转过身来,说了几句话,感谢他们的盛情款待,并说,如果我不是那么穷的话,一定会款待大家。他们很满意地大声说:“好!”然后继续胡闹,直到喝得酩酊大醉。

我雇了旅馆老板的儿子乔治·哈曼(George Hamman)先生,把我的行李放在他的马车上,向北出发,前往我在西摩的总部,8天后我们到达了目的地。我在这里又偏离了轨道,虽然镇上的每个人都认识康明斯教授,但没人知道在哪里找到了化石。“在闸口上”是他们

所能提供的所有信息。最后，一个名叫特纳(Turner)的人让我到他在威奇托河附近的养牛场，这里的峡谷和山脊都是光秃秃的，这样我就有可能找到化石。他说他知道附近有一些乳齿象骨骼化石，所以我就和他一起去了。

我们路过了一个狭窄的地方，就在布拉佐斯河和威奇托河的闸口之间，马车几乎不能通过。往南看，这些浅沟壑通向布拉佐斯山谷，而往北则是很深的沟壑和很高的土丘，土丘上面覆盖着白色石膏，下面是红色黏土层。我终于到达了得克萨斯州的红色河床。

在这里可以观察到一个有趣的现象，那就是威奇托河的河床只有 100 英尺，比布拉佐斯河的河床低 175 英尺。在布拉佐斯河北部，沿着一条贯穿贝勒县的线，整个地方被来自下方的压力抬升和影响，而在这条线以南，地层中唯一的扰动是由于侵蚀。在威奇托山谷的红色河床上，到处都有地壳上升的迹象，在河流下游数英里处，会看到小型山脉从各个角度向上隆起。这条河谷位于断层上。

当我们看到威奇托河的闸口时，景色确实很美。凡目光所及的地方，都是一望无际的微型荒地，有圆形的凸岩、深深的峡谷，以及断崖和山洞。岩层的主要颜色是印度红，但白色石膏层和绿色砂岩层有不同的颜色。有时岩层中会有石膏填充的裂缝，形成几英寸厚的岩脉。

在群山之间是一片片草地，这是我们的马所喜欢看到的景象，因为我们刚经过了一个没有植被的县城，前年秋天，一种虫子把这里地表所有可吃的植物都吃光了。我们在一条沟渠附近扎营，这条沟渠是在漫过河滩的泥沙中挖出来的。

在扎营的第二天，我听到乔治·哈曼在呼唤我，一过桥，就看见他在招呼我跟他走。他一边走，一边往口袋里装鹅卵石。当他走到离“十”字路口不远的沟边时，开始朝什么东西扔石子。我跑到他跟前，听到了蛇的嘶嘶声，但什么也看不见，直到我把一只手搭在他的肩膀上，踮起脚尖的时候，在沟渠的另一边看到了一个山洞。在洞中宽阔的地面上，几百条大响尾蛇，或单个或打结地缠在一起，头向四面伸出来，有的从地上的裂缝里钻出来，在地面上晒太阳。它们被哈曼扔的石头弄得心烦意乱，发出嘶嘶的声音，向四面八方乱绕乱打，互相撕咬着。突然，其中一条蛇在我们脚下的高草丛中嘶嘶作响，我们低头一看，只见一条大家伙正准备攻击我们。哈曼突然向后扑倒，把我撞倒在地，他顺势翻了个跟头。当我躺在那儿，笑得前仰后合的时候，他又翻了两个跟头，发现自己翻到路上的时候，他开始向营地跑去。我笑得肚子疼，躺在那里，而蛇依然发出嘶嘶的声音，伸出分叉的舌头，并在它盘绕的身体上前后摆动着它的头。当乔治·哈曼看到我处在危险中时，他勇敢地回来了。他把我拉到蛇攻击不到的地方，然后我们狠心地把蛇杀死了，这条蛇足足有 5 英尺长。

山谷里有成千上万只野火鸡，晚上它们成群结队地从山上下来，栖息在山下的树林里，真是一幅美丽的景象。平原上有许多羚羊，而且几乎每天都能看到野猫和土狼。记得有一天，我穿过一个海拔较低的草原，草原上是几英尺高的灌木丛，我看到左边有一只土狼在沿直线奔跑，鼻子指向一个特定的点，就像猎狗追逐松鸡一样。这使我产生了好奇，我又看见一只短尾加拿大山猫，正朝同一个方向爬行。我知道它们在跟踪猎物，还没看到对方，但都闻到了猎物的气味，我猜想那可能是一头小牛，我大叫着，因为我不想看到它被撕成碎片。山猫被我的叫声吓到，拐进了一条岔路。土狼继续往前追，并没有停下来。一头得克萨斯母牛转身，低着头站着，正准备抵抗土狼的攻击。而它的小牛犊跳了起来，土狼想利用这个机会饱餐一顿。

在这个地区，就像在堪萨斯州的白垩层一样，我们在饮用水的问题上遇到了许多麻烦。河水都是碱性水，水中含有盐和其他矿物质。

此外,红色的河床上没有水井和泉水。河床表面的岩石是多孔的,水通过孔隙流到下面的灰色河床上,再从那里流到河里。这些灰色的河床离地面有一段距离,据我所知,不管怎么挖,都没有挖到过水。因此,人们不得不依靠雨水。收集雨水的方法有两种,一种是用牧畜养殖者建造的人工水池,另一种是用天然水池,这些天然水池分布在河床边,但通常是在旧河床的沉积平原上,那里细腻的红泥地可能被牛刨成水坑,或者被古时候的野牛刨成了水坑。这里的水由于牛的频繁出没而变得很脏,牛群在夏天为了躲避苍蝇经常会跳进水坑里。

对于一个住在威奇托山谷的陌生人来说,看到大雨从天而降是一种奇怪的景象。雨水很快就变得像奶油一样黏稠,上面还粘着细细的红黏土。对于那些经常喝东方或任何一个多山的国家那明亮的泉水和清澈的井水的人来说,一想到要依靠这种水来饮用和烹饪,就会感到恶心。在宁静无风的时候,红色的泥土会沉淀在贮水池的底部,但是人们必须小心,打水的时候不能用力把桶拉出来,否则打上来的水会变得浑浊。

除了把水烧开,没有其他方法可以使水变得清澈,尽管仙人掌叶子里的肉可能会把水弄干净一点儿。我有时会不厌其烦地剥开仙人掌的阔叶,把它们捣成黏稠的泥,然后扔进一桶浑水里。泥土会附着在这些仙人掌肉上,并随之沉入水底。但即便如此,顶层的干净液体也不是什么诱人的饮品。然而,每当我口渴的时候,还是会饮用这红色浓稠的水,就像这个地区的其他居民一样。当一个人很渴的时候,他肯定会直接把水喝下去,而不是先品尝水的味道。有一次,我问一个老牛仔,他在牧场上喝了些什么,他回答:“牛喝什么,我就喝什么。”而牛没有干净的水喝,它就会喝脏水。

整个冬天,我都在这些荒凉的河床上工作,在数千英亩裸露的岩石上行走,寻找化石地,但却没有成功。这些河床的主色调是红色,但它们却又是五颜六色的，我被这些不断的变化弄得眼花缭乱、疲惫不堪。包括混凝土河床，都需要仔细检查。如果这些劳动能有精美的化石标本作为回报，我就会感到满足。但我知道，没有什么比日复一日徒劳地寻找更让人伤脑筋的了。

哈曼很奢侈地用两块钱的玉米喂饱了马，最后和我吵了一架，这样他就可以找个借口离开我了。于是，他带着我很久之前雇的那队人马离开了，把我一个人留在离城30英里的地方。然而，幸运的是，我找到了一个善良、诚实的爱尔兰人，名叫帕特·惠兰(Pat Whelan)，他不仅是出色的助手，还成了我的好朋友。可是，我们合作结束后，听说他在蒙大拿冻死了，真是个可怜的家伙！

一个闷热的日子，我让他去城里买食物。那时候我没有帐篷，于是他把车篷留给了我，我在一棵大树的南边扎营，这棵大树上长满了绿色的荆棘，是抵御北风的一道不可逾越的屏障。

惠兰先生走后，我待在田野里，我注意到得克萨斯州的牛群从大草原被赶到了茂密的树林里，虽然天空万里无云，但是我断定，这些牛一定嗅到了强烈北风的气息。我急忙赶往营地，开始为抵御暴风雪做准备。首先，我砍了几根树枝，把它们深深地扎在长满荆棘的那棵大树的南面。然后，我架起一根柱子，把马车上的被单搭在上面，并牢牢地固定在两边的地上。为了抵挡风雪，我还在边缘堆了一些土，就这样，我有了一个坐北朝南的“狗棚”。

大树周围有许多倒下的木头，我花费全部时间和精力来劈柴，然后把它们拖到帐篷里。沉重的北风在树林中呼啸之前，我已经用几根绳子把柴捆在一起了。我把这些柴堆在通向绿色荆棘丛的洞口，然后在帐篷门口生了一大堆火。

不久，一场可怕的风暴袭来，当时我独自一人，离居住的地方有30英里远。风从嘎嘎吱吱的树枝间呼啸而过！黑暗笼罩着天空，暴

风的尖叫和哀号在树林间回荡，就像迷失的灵魂在呼喊一样。接着，雨夹着雪开始铺天盖地的飘落下来，落在唯一能让我栖身的帐篷帆布上。在这个时候，一个人很容易对自己失去信心。与这场暴风雪相比，我觉得自己非常渺小。这场暴风雪把我前面的大白杨和榆树都折弯了。

晚饭后，我疲惫不堪地睡着了。炉火一熄灭，周围就变得寒气逼人，而我只能振作起来，在快要熄灭的余烬上堆上新的燃料。这场暴风雪持续了三天三夜，我开始明白为什么南国的人会说它们残暴，而且害怕它们的到来。在这场暴风雪结束之前，我一直没有离开过我的避难所。

可怜的惠兰！他在暴风雪中丢失了马，但他知道如果他不回到我身边，我就会被冻死，所以他一整天都在找马。当我安然无恙的时候，他却在那可怕的大风雪中承受着巨大的苦难啊！

如果我把那个冬天搜寻化石的全部经历都讲出来，估计读者们会感到厌倦。我们的收获是如此之少，使我非常沮丧和焦虑，几乎想放弃工作回家，家里还有我亲爱的妻子和孩子在等着我。更令人沮丧的是，惠兰只答应了和我一起干到春耕开始，而春耕很快就要到了。但我是不会放弃的。于是，我们沿着溪水往西尔堡的牛道走去，平均每天步行20英里，这几天我的日记本上没有任何记录。

但在2月11号，经过四十多天的不懈努力，我发现大威奇托河支流下面跟我之前坚持不懈地工作却没有什么收获的河床不一样。这一地区的一些河床是由红色黏土组成的，不规则的混凝土堆积在山脚下，挡住了去路，使我们很难前进。而其他地层中是由二氧化硅结合在一起的小结节的沉积。这些结节有各种各样的颜色，并且在那些被固定着的地方和被磨碎的地方构成了漂亮的马赛克图案。还有绿色的砂岩层，薄薄地排列着。在这些河床上，我发现了二叠纪脊椎动物的遗骸。这是我来得克萨斯后第一次发现它们。我在笔记本上写道:“虽然在我走出森林之前大喊大叫是不明智的,但我感到非常受鼓舞,我真诚地希望能成功。显然,我在红色的河床上挖得很深,却找不到化石。”

第二天,我在河床上发现了弓龙属(Eryops)大蝾螈的碎片。2月22日,我发现了一种长刺爬行动物化石——异齿龙。这是我有生以来第一次见到这种长刺爬行动物化石。最后,我得到了75磅保存在铁矿石混凝土中的骨骼化石和化石骨架。它们的牙齿较长,呈锯齿状向内弯曲。我当时对这些最古老的脊椎动物知之甚少,我很幸运能收集到这些动物的化石,后面我还会对它们做更多的介绍。现在生物界确定这些动物生活在1200万年之前。

我们能够认识到几百万年前动物的唯一方法,就是这些年在研究大自然中所完成的工作:大量沉积的地层上升到像山脉那么高,在这些地层中开辟出冲积平原和雄伟的峡谷。更有趣的是对无数生命形式的研究,这些生命形式在不断变化之中,依次支配着海洋、土壤和空气。首先,就像在得克萨斯州一样,两栖类动物占据了统治地位。两栖动物是一种既有腮又有肺的动物,因此既能生活在陆地上,也能生活在水中。之后爬行动物出现了,后来哺乳动物的时代开始了,而人类则是造物主的杰作。

我终于在化石床上找到了一些很好的材料。不幸的是,就在这个时候,帕特通知我,他很快就要离开我了。这样我就没有伙伴了,在这些化石床上工作而没有交通工具,就像试图用锄头挖森林一样不可能。不过,我在北方找了个助手,他叫赖特先生。他赶着那辆大威奇塔车,在找了我一天半之后,终于来到了营地。

3月6日,猛烈的北风袭击了我们。这次,由于帐篷已经从堪萨斯州运到这里,所以我们得到了更好的保护。虽然只有一个帐篷,但

它抵挡住了连续三天的雨夹雪。而这段时间里,牛群在茂密的树林里都找不到食物。在我看来,像这样被困在帐篷内的狭小空间里,除了取暖以外什么也做不了的时候,对寻找化石的人来说是最难忍受的时刻。

3 月 9 日,太阳终于升起来了,它明亮而又清晰,呈现出一幅令人惊叹的美景。红色河床上的每一棵树、每一丛灌木、每一片叶子,都被银光闪闪的冰雪覆盖着,仿佛镶嵌着无数颗闪闪发光的宝石。日出的时候风景很美,但是随着清晨的来临,冰雪开始融化,在这片贫瘠的土地上留下了一片片红白相间的痕迹,到了中午,一切都消失了。山很快就干了,深红色的水涌进排水沟,我们很快又开始工作了。

为了避免遇到困难(我是说万一没有一个人或一个团队和我在一起的话),我通过亚历山大·阿加西(Alexander Agassiz)教授,让战争部长给西部各军队指挥官写一封介绍信,请他们在不违反公共服务的情况下尽一切可能协助我。有了这封来自尊敬的罗伯特·T. 林肯(Robert T. Lincoln,他是我们已牺牲的总统的儿子)的来信,我在 3 月 12 日骑着一匹从马场租来的马,开始从西尔堡出发。我确信我们离堡垒只有 60 英里,马应该一天就能轻而易举地把我送到那儿,但我刚刚离开草地就发现它很瘦弱。在夜幕降临后,我还发现走错了路。那天晚上,我来到一所房子前,这是一所学校老师的房子。由于他受过一定的教育,又有很好的沟通能力,所以在那个地区,人们叫他“风特纳”(Windy Turner),跟其余的“公牛特纳”(Bull Turner)有别。我还发现他是一位绅士。

第二天早上,他告诉我那条通往堡垒的路该怎么走。我要穿过比弗溪去瓦格纳(Wagoner)的养牛营地,在那里过夜。我几乎走了一整天,才来到牧场营地,这是我离开那位老师的家后见到的唯一一所房子,结果却发现营地空无一人,甚至连一头牛都看不到。由于我没有吃午饭，所以感到很饿，在这个陌生地区，我不知道去哪里找食物和住所。后来，一个骑马的人从东北方向朝我走来，我骑着马去迎接他。他是个牛仔。我问他瓦格纳到哪儿去了，他说瓦格纳几天前就动身到印第安部落去了。他还告诉我，离这里最近的能吃到饭的地方是咖啡溪，而我早上刚刚离开那里。当我抱怨说又冷又饿，而且要饿着睡在我的马鞍毯上的时候，那个牛仔说他已经三天没吃东西了，而且已经在马鞍毯上睡了三个晚上了。于是，我无话可说了。

我不想回到昨天晚上那个老师的家里，于是继续走，直到第二天晚上到达红河，我并不指望会有一个住处。因此，当我走到比弗溪和红河之间的分水岭，在小路右侧不远的地方看到许多帐篷的时候，我兴奋得无以言表。我赶到营地，发现它们是丹佛和沃斯堡铁路的设计工程师的。当我跟一个年轻人说我想见工程师的时候，他咧嘴一笑(那个时候的我风尘仆仆，看上去不怎么样)，打开帐篷的门对里面的人说："这里有一个人要见你。"

帐篷的主人出来了，我把来自战争部长的介绍信交给他。当这位工程师亲切地和我握手，并说"这封介绍信对我来说已经足够了"的时候，我看到向导收起了脸上的笑容，表示随时愿意为我效劳。于是，我告诉他我和我的马都饿了，他吩咐那个想要见我且不遵循营地礼数的人，为我准备了一顿丰盛的晚餐，并照料了我的马。然后，他盛情款待了我。在饱餐一顿之后，他打开一捆新毛毯，在他的帐篷里给我安排了一张最舒适的床。如果梅内特(J. F. Menette)少校能看到这个故事，我想再次对他的好意表示诚挚的感谢。

第二天晚上，我到了红河的渡口，在那里找到了一所房子，住了一夜。之后第二天，天快黑的时候，我穿过卡奇溪，看见在我的右边、小溪的转弯处，有一条高架的"长凳"，上面搭着一顶帐篷。有两个印第安人站在旁边，一个是身材魁梧、胖胖的、好脾气的人，另一个是身

材瘦削、颧骨突出的科曼奇人。一大群孩子跑出来迎接我。我必须承认,完全受这些印第安人摆布让我感觉有点不安,但我尽力克制着,当我看到地上有很多火鸡的时候,我跟那个好脾气的男人说希望他的妻子能帮我做顿晚饭吃。于是他的妻子取出鸡胸肉,把它放在一个木叉上,然后把木叉插在地上,在一大块燃烧着的煤块前面不停地转动,一直到肉烤好为止。她还给我煮了一杯咖啡,加上我午餐没吃完的面包,我就这样美餐了一顿。我太饿了,不是挑肥拣瘦的时候。

印第安人正在烤“加缪”,也就是那些很茂盛地生长在河底的野生风信子的球茎。他们挖了一个5英尺深、3英尺宽的坑,在坑底生起了火,并把周围的地面烧透。然后,他们把灰烬刮了出来,在墙上抹上了一层灰泥,为了不让球茎烧着,他们在上面撒了一层厚厚的绿草。然后把球根放进去,盖上草和泥,再在球茎上生一堆火。第二天早上,他们就烤成了,这些印第安孩子吃得津津有味,就像白人们吃爆米花或花生一样。我品尝了一下,有一种甜甜的味道,有点儿像红薯,但里面的沙子太多了,我的牙齿不够厉害,咬不动。

我想晚些睡觉,因为我害怕睡在离开马鞍的那片高高的草地上。到最后,一直逗我玩的孩子们都去睡觉了,我才决定去睡觉。我把马鞍毯子的一半铺在身下,用马鞍当枕头,正要睡的时候,听到枯草里有沙沙的声音,然后看到那个我不喜欢的瘦削的印第安人,他的头离我的脸很近。他手里拿着不知什么东西,想和我交换一些财产,我越是跟他争吵,他就越要和我交换。他想要我的马和温彻斯特手枪,以至于我所拥有的一切。然而,最后他还是离开了,像来时一样从草地上爬出去了。但我刚要重新睡觉,又听到了蛇一样的沙沙声。这一次我很生气,当印第安人从高高的草丛中分出一条路来,向外张望的时候,我的枪口正对着他,我愤怒地告诉他,如果他不去做自己的事,影响我睡觉,我就把他打死。这次达到了预期的效果,我终于在夜里安静地睡了一觉，尽管时不时地被冻醒。

第二天早晨我被一声枪响惊醒，看到一只野火鸡从附近的树上掉了下来。这里的野火鸡很多，且很温顺，它们经常栖息在营地。那个快活的印第安人急于再挣 25 美分，因为我晚餐点了火鸡，他断定我早餐也想吃一只。可惜早上我不太饿，并觉得所有印第安人摸过的东西都残留着他们的气味，但我尽量不让招待我的主人看出我的厌恶。

早饭后，当我出发去远足时，一个 14 岁的男孩向我走了过来，我们站在那里聊天，他把手放在马的鬃毛上。我给了他一些烟草，他开始抽一种用干烟叶做的香烟。在我们脚下，小路被一个上面长满水牛草的小丘岔开了。小男孩吸完烟，把还在燃烧的烟蒂扔进这片被露水浸湿的枯草里，那里顿时升起一股浓烟。这一切发生得那么自然，我什么也没想，直到我站在平坦的大草原上，在那里我可以看到前面好几英里远的地方。凡目光所及之处，一股又一股的烟雾在早晨清新的空气中冉冉升起。从卡奇溪到西尔堡有 30 英里，但是第二天早上九点我将信交给办公室里盖伊・亨利(Guy Henry)少校手中的时候，他问我的第一个问题是“你是在昨天早晨日出时离开卡奇溪渡口的吗?”当我回答“是”之后，他说，大概在我离开小溪 10～15 分钟后，科曼奇首领收到了一个烟雾信号，说有一个人正从小道上向堡垒走来。

来到西尔堡的时候，我无意中从一个部门走到了另一个部门，少校在没有获得陆军总司令谢里丹(Sheridan)将军的命令下，没有权力让人离开他的部门。所以我只好在西尔堡等着，等事情解决了再说。

南方的牛仔们憎恨驻扎在堡垒里的蓝衣军团和黑皮肤的士兵，他们正在尽一切可能激怒军官们。当他们吃晚饭时，而且士兵们也该休息的时候，一群牛仔就会骑着马穿过阅兵场上保护得很好的草

地,来到旗杆前,向星条旗开火。他们的另一个恶作剧是向政府电报线路上发射玻璃绝缘体,这些电报线路连接着堡垒和莱文沃斯总部以及海湾部。当我到达堡垒的时候,他们刚刚完成了一次恶作剧。少校还没来得及和密苏里州西尔堡的指挥官波普(Pope)将军取得联系,于是他不得不派负责信号的军士去修那条线路。

不过,最后一切都安排好了,一切都恢复到原先的秩序。布罗姆菲尔德(Bromfield)下士、三个士兵、一个六匹骡子的小分队、一辆由白人车夫驾驶的马车,还有五十天的口粮,这些都可以供我使用。我带着这个护卫队出发了,因为我现在有了人,有了可以依靠的交通工具,心里非常高兴。

从西尔堡到红河的确是一段愉快的旅程。我们经常可以看见令人印象深刻的威奇托山脉,它从一片绿色的平原上拔地而起,就像湖中的一个小岛一样。第二天我们来到河边,打算穿过1英里的沙地。有一次,我以为我们会掉进危险的流沙里去,但那支由深色骡子组成的庞大队伍和车夫的高超技艺使我们安然渡过了难关。从那以后,我看到在这条河的沙滩上有人挖了一个10英尺深的洞,用来营救满载贵重物品的马车,之前,这些马车在涨潮时都沉到基岩里去了。

当我们到达大威奇托河的河床后,开始在几英里外的印第安河和咖啡河边工作。经过千辛万苦和种种磨难,我终于来到了一个蕴藏着化石的地层中心,在这里找到了许多很好的标本,其中有弓龙属大蝾螈、长着鳍的蜥蜴"诺莎马斯"(Naosamus)、奇特的蛙类笠头螈和其他一些种类的动物化石。

到了化石床后,我带着布罗姆菲尔德下士到我想让他搭帐篷的地方扎营,然后和赖特先生一起到地里去找化石。当我晚上回来的时候,发现下士把我的帐篷搭在了一个水平的地方,他的帐篷也和我的靠在一起。"这绝对不行,"我对自己说,"如果我允许这样的亲密陪伴，纪律就没有什么用处了。”于是我命令他拆掉他的帐篷，在一百码以外的地方支起来，而且以后也要遵守这个规则。士兵们对此非常愤怒，但他们还是服从了命令。总的来说，我觉得我能应付得了他们，尽管他们也有几个违反纪律的地方。

在这次远征中，非常不幸的是，我的帐篷和几乎所有的私人财产都被烧毁了。当他们到达燃烧着的帐篷时，他们做的第一件事就是割断绳子，让它被风吹走。然后，应我的要求，他们拿来了水，把它泼在燃烧着装着化石的袋子上。在拯救化石的时候，我们必须放弃其他一切。

4 月 25 日，我们开始装载货物，前往最近的火车站迪凯特。我们走亨丽埃塔路，在小威奇托河安营扎寨。在上石炭纪或二叠纪的沙质页岩中，我们找到了一个拥有丰富植物化石的地区。我们得到了许多大蕨叶等的化石。

和别的地方一样，这里的野火鸡也很多。护送者之一的李·欧文(Lee Irving)杀死了两只火鸡，让只吃培根的我们改善了一下伙食。5 月 4 日，经过长途跋涉，我们来到了一个名叫“大沙坑”的山谷，经过了一丛丛生机勃勃的橡树、美洲山核桃、水榆树和洋槐，终于到达了德卡特，也就是沃斯堡和丹佛铁路的终点站。在这里，我把那批珍贵的化石交给了代理人，这批化石耗费了我大量的金钱和精力，然后我开始了返回西尔堡的旅程。5 月 12 日，在一次平安无事的旅行之后，我把指挥权移交给了亨利少校。我第二次听说这位出色的军官时，他已经是波多黎各的陆军准将了。

第九章

为柯普教授在得克萨斯的二叠纪探险
(1895—1897年)

1895年夏天,也就是在我上次为柯普教授探险的16年之后,我再次受雇于他,在大威奇托河的闸口上做了进一步的探索。我的助手兼厨师是一位名叫弗兰克·加利安(Frank Galyean)的农民,他住在弗农路的咖啡溪上,在西摩以北25英里处。我在他家上方1英里处小溪西支流上的柳树泉露营,那是我最喜欢的露营地,因为它是少数能找到水的地方。西边是玫瑰平顶山,这是一座只有几百英尺高的小山,它跟其他的山从西南方向一直延伸到印第安溪,距离营地大约有4英里。

我在印第安溪和咖啡溪工作了几周,几乎没有什么收获,但在9月19日,性格开朗的加利安先生宣布他发现了一个巨兽的完整化石骨架。于是,我带着很多高空绳索,跟着他沿着崎岖山路出发了,然而,当我们被这崎岖的路弄得筋疲力尽的时候,他只找到了一堆已经风化和破碎的骨头,这些骨头属于一种很常见的物种,根本不值得我们捡起来。

我从希望之丘跌落到绝望的泥沼中,片刻之后,我决定转身回家。加利安先生和我一样失望,他领着我走向一条穿过山间峡谷的捷径。当他走上动物们在去泉水边的时候留下的小路时，他弯下腰捡起一样东西，说道：“咦，这儿有一根骨头！”我接过它，惊讶地发现它是一个完整的头骨化石，上面覆盖着坚硬的硅酸脉石，它来自红色黏土的厚床，上面完全覆盖着混凝土。我从来没有仔细地探索过这个地区，因为我认为它是贫瘠的。我想其他收藏家也会有同样的想法，因为尽管它离柳树泉不到1英里，波尔(Boll)、康明斯和其他收藏家曾在那里露营了好几年，但我是第一个发现这种已灭绝动物化石的藏身处的人。

我们沿着小路走了一小段路，来到一个占地几英亩的圆形场地，然后又往上走了一段路，来到另一个稍微大一点儿的场地，它是在山坡上被挖出来的，完全没有泥土。这两个圆形场地后来被证明是我在得克萨斯的二叠纪发现化石最丰富的地方。关于这一发现，我引用一下我笔记本上的一段话：“在找到加利安发现的完美头盖骨化石后，我们立刻进入了我在这些河床上见过的最肥沃的土地。我得到了一个完美的头骨化石，加利安也得到了另外一个。看来我们找的地方太低了。这片拥有化石最丰富的骨床在我一直工作的河床上面，在切入山峦的峡谷顶端。保存骨骼的结石是红黏土，它呈绿色或其他颜色。”

当我对这个发现无比兴奋的时候，我忘记了对加利安的厌恶，忘记了他带我进行徒劳无益的寻找，忘记了我所有的疲劳，忘记了我的晚餐，忘记了一切，于是立即收集头骨和其他骨骼化石。我记得我的收集包里装满了75磅重的头骨化石，尺寸从不足1英寸到超过8英寸，它们对我和对科学来说都是全新的。我开始沿着陡峭的小路往1英里下的营地搬东西。善良的加利安在看到我由于负重而步履蹒跚，主动提出来帮我，但我严词拒绝了他并说任何人都不能碰它们，还说它比同等重量的金子更珍贵，最后，他说我应该先把手上的东西

放下，然后回营地，这样等我到达营地的时候至少还能吃上一口热饭。

一个没有过这样经历的人，怎能体会到我在这崎岖的道路上凯旋，是怎样的一种光荣呢？就连率兵把耶和华殿里的宝物从耶路撒冷掠去，而且还把犹大王用青铜绑住并关在他们车内的尼布甲尼撒二世(Nebuchadnezzar)，也不可能体会到我在发现这片化石遗存地后的自豪和喜悦。这个例子只是我生活中很常在最绝望、最沮丧的时候却突然有了重大发现的经历中的其中一个。

关于1200万年前生活在得克萨斯的二叠纪海岸河口小海湾的两栖类动物和蜥蜴，我在那3个月的探索中发现了45个它们的完整或接近完整的头骨化石，其中许多都是完美的骨骼化石，还有47块残缺不全的头盖骨化石，大小从0.5英寸到2英尺不等。所有收藏品中包含了得克萨斯的二叠纪灭绝生物的183个化石标本。美国自然历史博物馆得到了这些精美的化石，但当时他们还无法对它们进行描述并发表出来，而我在1901年为慕尼黑皇家博物馆对这些收藏品进行介绍的时候立刻就被布鲁利博士描述了出来。因此，美国自然历史博物馆失去了许多对新物种的描述所带来的荣耀。然而，美国自然历史博物馆里得克萨斯的二叠纪化石收藏品现在正在研究中，其结果对科学界来说非常重要。

在这次成功探险的鼓舞下，第二年1月20日，我又满怀希望地出发了，继续为柯普教授在这些河床上工作。我一到西摩的总部，就成功地雇用了一位老人，他带来了一队人马和一辆马车。1月25日，我在西摩以北10英里处的布什溪扎营，这是我今年的第一个营地。

三天后，我发现了一种叫基龙(Naosaurus)的爬行动物化石标本，它被柯普教授称为鳍背动物，我相信它会是一种很好的化石标本。它的很多脊柱已经暴露出来，这预示着我很可能得到一个完整的化石标本。我非常仔细地研究了这副化石骨架，希望能把它完整无缺地采集出来。它位于红白相间的砂岩中，这些砂岩很容易在表面分解成类似页岩的薄片，尾端为圆形突出物的脊柱和横肌但均被折断，并随地层发生了弯曲和倾斜，因此在采集它们时必须格外小心。它们相距大约 3 英寸。我根据发现它们的顺序给这些脊柱编号 1、2、3 等，而不是根据它们原来的位置。许多侧面脊椎的圆形末端被冲下斜坡而消失了，我希望以后能找到它们。

当我研究这些引人注目的脊椎时，本能地把这种动物称为爬行虫类的动物，它们的脊椎大多在身体中心附近，有 3 英尺长，两侧的脊椎交替着或相反地排列着。我看不出柯普教授是如何想象出这些脊椎和桅杆、船桁的相似之处的，它们之间有一层薄膜，可以随风飘荡，就像船帆一样。后来的发现表明它是一种陆生动物。图 33 为奥斯本教授对基龙的复原图。

图 33 由奥斯本和奈特还原的鳍背基龙“克雷维格”

来自美国自然历史博物馆的模型

正如我说过的那样，采集这副化石骨架是一项长期而艰巨的任务，因为它有成千上万个碎片。如果我只是像挖土豆一样把它们挖出来，就没有人会有耐心再把它们拼在一起。所以我把每个脊椎骨

分成几部分,然后把差不多 50 个碎片装在一起,并给它们编号。这样,先把一个部分的所有标本单独组装起来,然后再把一个个单独的标本连接起来。

在发现这副化石骨架时,它已经破损不堪,我当时无法知道它是否完整和珍贵。当我现在看着这张世界上唯一组装起来的精美基龙标本(图 34)的照片时,才知道这次远征确实是成功的,尽管当时也经历了一些挫折。

图 34　鳍背基龙"克雷维格"的化石骨架

查尔斯·H. 斯腾伯格于 **1896** 年冬天在贝勒公司的大威奇托山谷的二叠纪地层中发现了这些化石,照片已获得美国自然历史博物馆的 H. F. 奥斯本教授的许可(图片由安德森拍摄)

在发现了基龙之后,我又花了几个星期寻找化石,但是都没有结果,我很沮丧,我认为继续搜索是没有用的。但柯普教授确信在二叠纪和三叠纪之间有一个含化石的地层,在那里会有新的动物群化石,他还推断出这个化石床肯定位于这一区域已知化石床的西北方向,事实上,我在 1882 年很留心地参观了哈佛比较动物学博物馆,发现那里一片荒芜。因此,我极力反对这次旅行,但是柯普教授一直在坚持，最后他成功了。因此，我被迫在曲溪的源头和其他溪谷，也就是在已知的化石床北边，花了一个月的时间进行极其艰苦的工作。

这里有数千英亩裸露的红土断崖，它们被切割成奇异的形状，有点像老式的稻草蜂巢或摇摇欲坠的塔楼和城垛。凡目光所及之处，都能看到它们以千变万化的形状沿着分水岭蔓延开来。河床很容易分解成红泥。虽然岩石上满是直径从0.0625英寸到1英寸由圆形白点和红色边缘组成的同心圆环，但却没有凝固物。穿过厚黏土层的狭长堤坝上充满了纤维石膏肥料。黏土下面是红白相间的砂岩和紧密的混凝土岩层，里面都没有化石。

但是，那次失败的搜寻所带来的沮丧只是那年冬天我不得不面对的考验之一。首先，天气就对我很不利。雨夹雪一直下个不停，地面从来没有干过，所以我走路时每只脚上都粘着10～15磅重的红泥。我还患上了严重的流行性感冒，更糟糕的是我的卡车司机，也是我的厨师，特别不喜欢我的炉子，这个炉子是在我监督下制造的，但别人对它还算是满意。他执意要在帐篷外的沟中做饭，由于他的固执，我失去了原本对他的好感。

每天早上，我浑身酸痛地爬下床，开始我的长途跋涉。起初我几乎走不动路，渐渐地，随着对工作的热情越来越高，我会走得很快，我通常会走到离营地很远的地方，以至都没有足够的时间回去吃晚饭，于是我就不吃晚饭了。工作一天后，我就会回到那令人不舒服的营地，第二天再重复这样的事情。我曾在堪萨斯州的化石地里患过热病和伤寒，我本以为我不可能再遭受比这更大的折磨了，但我发现伤风比伤寒更难熬。

更让我担心的是，我之前接待了一个眼睛发炎的家庭，虽然我给他们开了药方，但他们还是会粗心大意。我雇用的那个脾气暴躁的老人也给我添了不少麻烦，有一次他还威胁说要把我一个人留在闸

口。总的来说,我从过去跟我的雇工打交道的经历中学到,只要有可能,拥有自己的装备还是明智的。一个雇工知道一个人在没有交通工具的化石地里是多么无助,并会充分利用别人的这种无助,或者他可能只从雇工的角度来看问题,如果他离开雇主可以提高工资,他就会认为他完全有权利这样做,即使他已经签了一份合同。

按照柯普教授的指示工作了几个星期之后,尽管这就像把砖从院子的一边移到另一边一样毫无用处,但我还是疲惫而沮丧地回到了之前那片至少还有几块化石的河床上。我决定在合同期满后放弃这块化石地回家,并写了一封很沮丧的信给柯普教授,要求在合同期满后获得自由,因为我需要休息。就在那时,我收到了下面这封以传真形式发过来的信,我将永远珍藏这封信。这不仅是因为它展现了柯普教授性格中最优秀的一面,还因为它让我觉得柯普教授已经意识到,我一生的工作不能用金钱来衡量。那时,它给了我最大的鼓励,尽管我当时正由于疲惫和思乡之情而准备放弃,一收到它,我就决定在这片贫瘠的土地上再待一个月。柯普教授向我保证,他再也不会不听我的推断就把我送到一个地方去了。按照自己的意愿行事之后,我很幸运地又采集到了许多新的标本。

就像在我一生中的其他重要的时刻一样,我多天的工作得到了回报,我发现了一长串有着明亮金属色的河床,并且发现了大量堆积着潮湿而茂密植物的铁,这一结果证明它们曾经在一个河口底部形成了泥。事实证明这片古老的沼泽地曾是无数蝾螈的栖息地,多亏了这一发现,我在得克萨斯州的最后一个月里完成的工作量比我在其他地方完成的工作量加起来还要多,当然,这还不包括鳍背蜥蜴。

Phila Mch. 16 - 76

Dear Mr. Sternberg

I have your double letter of Mch 9th & 11th. By this time you have the draft I sent you. I am glad that you have struck fossils at the mouth of S. Coffee Creek; & hope that you will have good success.

Your first letter is very blue but you must remember that bad weather is not your fault; neither is it your fault if you find nothing when following my directions. In fact you have no occasion to be blue as to yourself, for you fill an important place in the mechanism of the development of human knowledge. Very few men pursue a more useful life than yourself, and when the final account comes to be rendered, you will have no occasion to be ashamed of your record. I have personally the highest respect for your devotion to science. The sincere worker in science holds a high position among men, no matter what the great herd may say about him. They simply do not know, & their opinion is not worth considering.

To get science of the pure kind does not pay much money in this world but some time (after us), there will be more demand for our wares.

Very truly yours

E. D. Cope.

图 35　柯普教授写给作者的信函

我很高兴可以给读者们展示一块漂亮的颅骨化石(图 36),还有它的上颚,柯普教授把这种罕见的蝾螈命名为“缨鱼属马格尼柯尼斯”(Diplocaiilus magnicornis)。它的眼睛远低于脸部,在后面有一大块“雕刻”过的骨头,末端有两个长“角”,有 14 英寸长,它们是颅骨后部最长的角。上颚有三排细小的牙齿,还有一对枕骨髁。脊椎骨在正中线,两侧各有一排脊柱,身体细长,四肢短小。头部是这个动物最大的部分。这是我在二叠纪地层中发现的物种当中最常见的一种。柯普教授过去称这些标本为“泥头”,因为它们上面总是覆盖着一层薄薄的很难去除的硅化泥。事实上,这个区域几乎所有的骨骼都被包裹在一个坚硬的红色基质中。

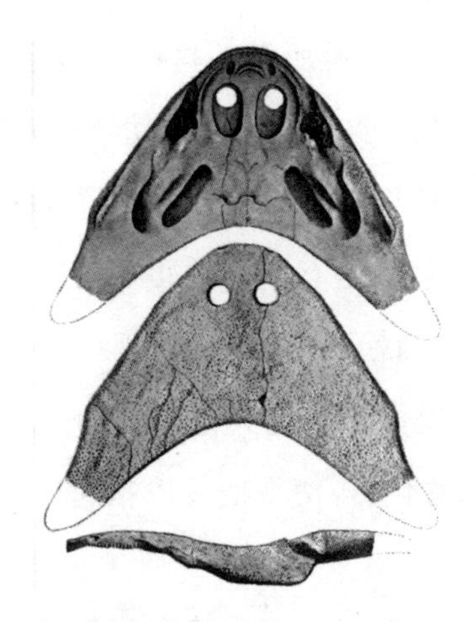

图 36　由查尔斯·H. 斯腾伯格在 1901 年采集(由布鲁利修复)的巨型蝾螈“笠头螈马格尼柯尼斯科普”化石头骨

1897 年春天,我再次在得克萨斯的二叠纪为柯普教授工作。他对这个地区古老的动物群非常感兴趣,像我前两年那样,我把所有比较好的化石标本都邮寄给了他。4 月 15 日,我完成了大约 100 英里的长途跋涉,绕着小威奇托河回到印第安溪的主流,并在印第安溪旁露营。在旅途中，我们遇到了一场可怕的风暴，差点儿把我们的帐篷卷走。我已经上床睡觉了，但是一个车夫的到来把我吵醒了，他昨天一整天都在找我。他给我捎来了一封来自柯普夫人的信，告诉我柯普教授在4月12日不幸去世了。

我从前失去过朋友，也亲手埋葬了我的长子，但是，我从来没有像今天这样伤心，为了英年早逝的柯普教授。他的学术成就正如日中天，他把所有的精力都放在了研究和描述得克萨斯的二叠纪的奇妙动物化石上。这位美国最伟大的博物学家去世时，他的工作尚未完成。死亡总是可怕的，当它把最有智慧的人带走的时候，似乎尤其可怕，因为这些人每天都在给世界增加新的知识。

在这个领域内，我给柯普教授当了8年的助理，虽然我们并不总是意见一致，但我为柯普教授所做的这些工作是我对科学做出的最有价值的贡献。我很幸运能为他在脊椎动物的系谱中提供一些重要的线索，比如说，著名的两栖类“迪瑟罗辅斯”(Dissorophus)和“奥特科林斯”(Otocoelns)，它们是有甲壳的爬行动物，这表明了海龟是从两栖类动物进化而来；约翰戴伊河床上骆驼的掌骨化石与跖骨化石是不同的。我还为他提供了大量其他形态的化石标本，再加上其他采集家为他弄到的那些化石，使得他可以精通各种类型的知识，就像奥斯本博士说的那样。

在我的记忆中，古生物学这门伟大的科学只有很少的人感兴趣，但是现在，它被认为是现代最有趣的研究之一，这在很大程度上离不开柯普教授的努力。他预言得很好，“在我们之后，人们对化石的需求会更多”，自他写下这句话之后，美国自然历史博物馆〔在亨利·F.奥斯本博士(图37)的正确管理下，它的古生物学系现在是科学界的荣耀之一〕、匹兹堡的卡内基博物馆、芝加哥的哥伦比亚野外博物馆、耶鲁大学博物馆、哈佛大学博物馆和普林斯顿大学博物馆等很多博

物馆都在此基础上陆续建立起来了。有一件事是肯定的:只要科学存在,只要人类还喜欢研究过去的动物,柯普的名字和作品就会永远被人铭记和崇敬。

我很高兴能给大家看一张这位已故博物学家的照片(图 37),愿他安息!

图 37　柯普教授

第十章

为慕尼黑国家博物馆
在得克萨斯的红砂岩床层工作(1901年)

鉴于我上次在得克萨斯的红色河床上工作时由于没有自己的团队而带来的种种麻烦,这次当我和慕尼黑国家博物馆的古生物学博士冯·兹特尔签订探险合同的时候,我决定通过船将马匹和装备运到化石地。我让我的儿子乔治照管这些,他很快就成了我的一个非常称职的助手。我看到他把物资装到一辆货车上,然后他也跟着上车出发了。我在拉什普林斯见到他时,他坐在一辆货车上,已经精通驾驶员的全部知识。

1901年6月30日,我们到达了柳树泉的老营地。天气已经开始炎热,预示着我将在威奇托山谷度过最热的季节。随着时间的推移,温度越来越高,阴凉处的水银柱经常上升到45度。所有天然的和人工水池里的水都干涸了,牧场上低矮的水牛草都被晒干而卷曲,然后被风吹走了。我们在瓦格纳的草地上扎营,那片草地宽25英里,长50英里,我看见有牛因为口渴和饥饿而死去。有的人甚至饿得去吃刺梨和别的东西,他们的嘴里因被刺烂而引发的满是腐疮。

地面很热,空气像火炉的热气一样,我们不得不把水从营地外6～20英里的地方拉回来使用。更糟糕的是,我们的一匹叫"宝

贝”的马，在赶苍蝇的时候，差点被铁丝栅栏割断一只脚。在那几天里，苍蝇一直都没有停止折磨我们和这些动物。即使到了晚上，那些长角的牛也无法摆脱苍蝇的骚扰，因为它们像蜜蜂一样成群结队地聚集在牛角的腹部，在那里休息。

这个地区到处都是沙漠。在这个山谷的咖啡溪或其他小溪上定居的所有人，都已搬走了，一位牛仔买下了这里所有的家园。我常去做礼拜的那所学校也搬走了，那些曾经回响着孩子们欢笑声的房子，如今已空无一人，一片凄凉。

我该怎样描述那携满尘埃的热风呢，这在那两年都是很常见的。有一次，我去了西摩以南的戈德温溪，沿途经过一片100英亩的玉米地，这是一位老人的，他把玉米地收拾得干干净净，一长排绿色植物非常美丽。回来时，我又经过这里，这时刮起了一阵热风，热得我不得不遮住脸和眼睛，以免被灼伤。老人曾满怀丰收希望的这片美丽的田野，现在却像被一场大火烤焦了一样。

就这样，几个星期像几个月一样漫长，无情的天空仍然不给我们下一滴雨。我们位于咖啡溪的营地里酷热难耐，让我们无法储存鸡蛋、黄油、牛奶或其他许多新鲜和健康的食物。于是，我的胃很快就出了毛病，我经常感到不适，随之而来的是对喝一杯清凉纯净水的渴望。我对家里的那口总有清澈的水井日思夜想。除了咖啡，我们唯一的饮料就是从20英里外运来的一桶热的、有臭味的水，它很快就会变得不新鲜。即使是这样的水，也不是一直都有。每当我们来到一个新的化石地，而且我有强烈的预感我们会在这里找到很多化石的时候，乔治肯定会说：“爸爸，我们没有水了。”于是，我们不得不在炙热的天气里走过一条充满尘埃的道路到20英里之外西摩的井里去取水。当我们终于到达那里的时候，我们恨不得把脸埋在桶中的冷水里。

PALAEONTOLOGISCHE
SAMMLUNG
DES STAATES.
Alte Akademie.

München, den 23 December 1901

Charles Sternberg Esqre.
Lawrence City Ka

My dear Sir,

Before receiving your last letter of the 6th Decemb. I had sent to your adress a cheque of 200$ as Salary for the last month of your collecting in Texas. I take notice of your freight expenses (3$ 46c) and shall sent this little sum by an other occasion.

The 5 boxes with your great collection as well as the express box with the little skulls have been safely arrived. I have looked over the results of your researches and think, that the collection of this year is better than any other made before in Texas. With few exceptions we have nearly all the genera created by Prof Cope and several of them in much better condition. Beside there is certainly a good number of very interesting and new material which will give us bussiness for several years.

I am very glad that I can give you such a satisfactory report about your hard work in the interest of our museum and I hope to remain further in friendly relations with yourself.

With the best wishes for the coming year and the kindest regards

faithfully yours

Dr. Zittel

图 38　卡尔·冯·兹特尔博士写给作者的信函

虽然环境恶劣，但我们在这里找到了大量的化石，以至我们都沉浸在成功的喜悦中，忘记了困难。尽管我们必须克服许多障碍，但我

们还是获得了冯·兹特尔博士那封伟大的信中所述的收藏品，我在这里用传真的形式收到了这封信，这是我收到的信件当中，我最珍视的一封。

在我接受冯·兹特尔博士的提议，也就是让我到大威奇托河闸口为他进行一次探险之前，我给他写了封信，告诉他我为科学所做的工作，从物质的角度来看，没有什么大的回报。我说，我一生都在不断努力获得足够资金进行工作，但是从我这里购买化石的人在很大程度上都会以尽可能低的价格买下这些化石，从而为他们的博物馆做贡献，他们从来没有考虑过一个化石猎人也要生存的。

我非常高兴收到这位伟大的德国人的回复，他那关于古生物学的著作被收在我们大学的教科书里。冯·兹特尔博士写道："很遗憾，从你的信中可知，你认为自己不适合在今年春天为得克萨斯州的慕尼黑国家博物馆工作。我很理解，在你长期从事科学研究而没有取得实质性成果之后，你会感到沮丧和痛苦，觉得你在这方面的贡献没有得到充分的赏识。在我看来，我已经尽了最大的努力来赞扬你在科学方面所做的工作，你在慕尼黑博物馆收藏的从堪萨斯州和得克萨斯州采集来的收藏品将永远是对查尔斯·H. 斯腾伯格的纪念。"

像冯·兹特尔这样值得尊敬的人写来了这样一封信，使我倍受鼓舞，就像柯普教授之前写给我一封类似的信一样。这封信使我感到，如果用这样持久的结果来衡量，那么一点点或多或少的痛苦都无关紧要。现在，柯普教授已经去世了，冯·兹特尔博士也去世了，这些人都去世了，但我把他们的信件作为传家宝保存下来，代代相传。因为它们证明，"不管大众怎么说我"，我已经完成了我小时候为自己设定的目标，为建立伟大的古生物学尽了一份微薄的力量，我知道我有一天也会死亡，但我的化石将和保存它们的博物馆一样长久存在。

图 39　卡尔·冯·兹特尔博士

1839 年 9 月 25 日—1904 年 1 月 5 日，由帕姆还原

让我们回到得克萨斯的二叠纪，我将用我的日记本来记录，因为这也许是让我的读者了解我们在那里生活的最好方式。

7 月 11 日，在西摩。我在日记中写道：“一场大沙尘暴袭击了这个小镇，今晚还下起了雨。这对我来说确实是一个很大的安慰，因为它可以使空气凉爽，在闸口的我有水喝了，这样我可以参观那些我以前不能参观的地方。我的马车是从堪萨斯州运来的，这是一辆窄轨车，而得克萨斯所有的道路都是给宽轨车走的。这就迫使我的团队把一组轮子放在车辙中，另一组则在车辙外。结果，由于酷热的天气，工人们把它们都磨坏了。因此，我正在做一个新的车轴，这是一项漫长而乏味的工作，不过这样正好也可以让我避暑。杰西·威廉姆森(Jesse S. Williamson)让我住进他和威尔·明尼奇(Will Minnich)共同拥有的房子里。那是一间小木屋,离杨柳泉附近的骨床不到 1 英里。那里还有一个供马用的水罐,离校舍只有 1 英里远,校舍里也挖了一口井,每天都有几桶水流出来,足够营地使用了。"事实证明,这间小屋是一个很好的住处,而且屋主们有一堆高粱,我可以随意使用,这样就省去了拖干草的麻烦。

由于我的一个锭子坏了,我不得不派人到劳伦斯那去拿一个锭子来,直到 16 日我才从商店买到一辆马车。之后,我才驾车去了我在格雷·克里克(Grey Creek)的牧场上的老营地。这里也是一片化石地的中心,我曾在这里为柯普教授采集了大量的化石。

图 40　弓鳖巴里的壳

由查尔斯·H. 斯腾伯格在堪萨斯州的戈夫公司所在地发现(经伟兰修复之后)

7 月 17 日,我一整天都在化石地里工作,发现了一些骨骼和头骨的化石碎片,它们全都成了碎片,混在一起。我找不到这些化石标本来自哪里，它们和混凝土一起堆在一个狭长的有冲积物的峡谷里，它们上面有一块平坦裸露的土地覆盖着混凝土。对于这些化石碎片的混合物，我唯一能给出的解释是，一个骨床在水平面上伸展，在沉积物崩解的过程中，碎片被洪水冲入狭窄的峡谷，直到原始河床的痕迹都消失，无法标记出它原来的位置。

我曾经从这个地方寄了一大批收藏品给柯普教授，他对这些化石很感兴趣，但因为有大量残缺不全的头骨化石，他很着急，而且尽管这些碎片看起来是刚被打碎的，但没有一块碎片能跟别的碎片一起拼成一个完整的头骨化石。我现在又遇到了同样的麻烦。柯普教授现在收藏在美国自然历史博物馆的其中一些丢失的头骨化石碎片可能就在送往慕尼黑的拍品中。

7 月 19 日，我发现了一个新物种的近乎完美的头骨化石。20 日，我在一两天前找到许多化石碎片的附近，又发现了一个非常漂亮的头骨化石。它是蝾螈目动物“弓龙属美格西菲拉斯科普”(Eryops megacephalus Cope)的头骨化石，上颚有六对大牙齿，下颚也有一排大小不一的牙齿。头骨的一些部分已经丢失了。这个头骨有二十多英寸长。所有的骨骼都很漂亮，好像雕刻过一样。几年前，我在奇泽姆牛车道上发现了一副几乎完整的恐龙化石骨架，长约 12 英尺，躺在奇泽姆牛车道一个直角的地方。它保存在坚硬的混凝土中，在山坡上被风化了。无数头牛刚刚踏上前往堪萨斯和北方的疲惫旅程，它们的蹄子把坚硬的硅质外壳踏得粉碎。

蝾螈有鳃和肺，支配着陆地和水域，在热带中不断增加和繁殖，这个地区的沼泽和海湾都被它们填满。今天，我们从井里或泉水里拉出一种叫作泥狗的动物化石，很难想象在 1200 万年前，它的祖先强大而有力，是创造万物的君主。从那时以后，蝾螈部落退化得多么厉害啊！

现在让我们回到克拉多克(Craddock)先生的牧场。7 月 20 日,我在日记里写道:“我热得难受,舌头上感觉总有一层东西。但是,我获得了一些很好的材料。就算我因于酷暑而死,我的发现也将大大丰富慕尼黑国家博物馆的收藏。”

7 月 21 日,我继续写道:“今天热得可怕,我在河床上工作遭受了很大的痛苦,但我发现了一个小头骨化石。”

炎热的天气继续着。我来到咖啡溪边的小屋,发现我们四岁大的马跑掉了。乔治从一群马里把它带出来时,发现它的肩膀上有很大一个洞。“两匹马都快不行了,”我在日记里写道:“我得叫乔治进来吃饭。在这种天气里,我们很难在齐膝深、没有水喝的沙尘中搬运货物。”

到了 7 月 26 日,就只剩下我一个人了。我向北走了 1 英里,来到骨床前,开始在一块坚硬的绿色泥石表面挖掘,就在我前几年发现了一些化石碎片的地方。我很高兴地发现了一个口袋,里面装着两个完好的头骨。第二天,乔治提着东西回来了,我终于喝到了干净的水,但很快它就变温了。我们在口袋里又发现了两个头骨化石,一个是“钩状铗龙”(Labidosaurus hamatus)的,它是一种最早的爬行动物;另一个属于我后来发现的一个新的属和种。我们回到格雷·克里克准备支起一个营地接待布鲁利(Broili)博士,因为他将从慕尼黑直接来到这儿。

8 月 1 日,由于没了粮食,我们就进城去了。我在一幢商店的楼上租了一个大房间,做了几张桌子,然后把标本打开,可以让布鲁利博士检查。当我在房间里工作的时候,忽然有蝗虫飞过来撞击大楼,就像下冰雹一样。第二天早晨,遍地都是蝗虫。

8 月 5 日,我们驱车前往灰溪上的老营地,在那里搭了两个帐篷。我们把墙抬高了,这样就有地方躲避无情的阳光了。我向北走了几英里，越过营地上方平顶的山，发现了两个极其美丽的长角两栖动物的头骨化石（见图 36）。这种化石我之前也提到过，叫作“笠头螈马格尼柯尼斯科普”(Diplocaulus magnicornis Cope)。我还发现了一种梭子鱼的化石标本，这种古老的鱼在许多岩层的岩石上留下了珐琅鳞片，它们的后代至今仍生活在我们的河流中。

8 月 8 日，尽管天气酷热难耐，我还是骑着马开始了长途旅行。我爬上比营地大概高 300 英尺的平顶山，然后向西来到了两条小溪之间的分水岭。我常常把马拴在篱笆上，然后跳进两边的峡谷里。最后，在营地西北约 3 英里，灌木溪的拐弯处，我注意到在我前面描述过的那种河床上有一块裸露的土地，上面有大量的沼铁矿，给它增添了一种金属光泽，那里正是寻找化石的好地方。

我发现第一件化石是一个完美的头骨，有 6 英寸长，它是笠头螈“苛佩布鲁利”(Diplocauliis copei Broili)的。随后，又发现了另一个美丽的瓦龙(Varanosauriis aciitirostris Broili)头骨化石，上面有许多骨骼，而且坚硬的红色基质已经被洗干净了。上下两颚锁在一起，一长排闪亮的牙齿在强烈的光线下闪闪发光。眼睛离额头很近，鼻子的开口靠近前面。它和我以前见过的任何化石都不一样，我确信它一定是新发现的。布鲁利博士描述它是在这些河床上发现最完美的化石标本。我获得的头骨化石几乎都是垂直压缩的，而这个是横向压缩的。

我在这个河床上发现了成百上千的岩石碎片，上面布满了闪闪发光的鱼鳞，就像它们当年在古老的鱼的尸体上的时候一样灿烂。在这里，我还发现了一个巨大的笠头螈“马格尼柯思弗”(magnicornisf)以及一些其他小得多的物种化石，它们被证明是新的笠头螈。我在笔记中写道：“这里有望成为我发现最好的化石地之一，能在如此艰难的条件下进行搜索，我有所收获。”

当我到达营地的时候，发现乔治也度过了一个值得纪念的日子，他在一片洼地的青草根下灰色小溪的闸口上，发现了一个有小动物骨的河床。他带来了一个头骨，这是我收集到的最小的头骨，上面有许多破碎的骨头和牙齿。其中一件标本，布鲁利博士为了表彰我，把它命名为“卡迪西菲勒斯斯腾伯格”(Cardicephalus sternbergi)，它还不到0.5英寸长。我也在这里找到了六个新的笠头螈头骨化石。

8月12日，星期一，布鲁利博士来到西摩，我和乔治在车站迎接了他。他是一个高大强壮、相貌堂堂的德国人，蓄着胡子，给我的印象非常好。然而，由于我的一只耳朵听不见了，所以我很难听懂他说蹩脚的英语，而且我一句德语也不会说。我断定他的英语是从英国人学来的，而不是从美国人学来的，因为他用的是一种我不熟悉的土腔。幸好乔治能听懂他的话，他们彼此成了最好的朋友。

回到营地，我们在那里有幸和布鲁利博士一起度过了两个星期，在这期间我和他建立了非常珍贵的友谊。他对我的工作和我们采集的化石感到很满意，但是，正如他在自己作品里描述我的化石时所说的一样，他无法忍受高温。

他在斯图加特出版的《二叠纪剑头龙和爬行动物》(*Permian Stegocephala and reptiles*)中描述了我的部分化石，这本书有120页正文和13张精美的标本图片。他在第一页中写道:“1901年春天，斯腾伯格先生远征得克萨斯，取得了优异的成绩。他给博物馆带回了许多很有价值的弓龙(Eryops)、异齿龙(Dimetroden)和铗龙(Labidosaurus)化石，引起了皇家古生物收藏保护者的关注，于1901年派遣第二支探险队到德克萨斯二叠纪地层的冯·兹特尔议员又一次成功地找到了查尔斯·H. 斯腾伯格先生，这位来自堪萨斯州劳伦斯市的优秀采集家。早在同年6月，他就在贝勒县西摩小镇附近的威奇托二叠纪地层上从事着他的工作。西摩位于沃斯堡和丹佛铁路的一个支线上。在我到达营地后，通过巴伐利亚皇家科学院的协助，使我能够在8月初至8月底都跟斯腾伯格先生一起做采集工作。我已经找到了一些非常丰富的材料，除了异齿龙、铗龙、巴利奥提克龙(Pariotichus)和其他"西洛莫福斯"(Theromorphs)外，还有一套极好的笠头螈(Diplocaulus)不同种类的标本，其中一些标本还保留着椎骨的大部分。在那个地区逗留期间，我们的工作主要是从营地采集东西。由于高温缺水，我们被迫留在西摩附近。"

我是一个爱国者，很高兴看到这些精彩的古代生命丰富了我们国家的博物馆，因为德国也是我的祖国，至少它是我父亲的祖国，我很高兴能够为那里提供欧洲最好的堪萨斯州和得克萨斯州的化石收藏品。

慕尼黑最好的收藏品之一是一副铗龙的化石骨架，是由我采集来的。铗龙很重要，因为它是一种非常古老和原始的爬行动物，根据奥斯本教授和其他权威人士的说法，铗龙是后来所有爬行动物的祖先。

在布鲁利博士回到慕尼黑之后，我继续自己的工作，在咖啡溪东部露营。在这里，我们的搜寻再次得到了回报。我发现了一个小蜥蜴的化石骨床，其中一些还不到6英寸长。这些头骨化石的尺寸从不足半英寸到一英寸不等。柯普教授将其命名为"弛顶螈海龙"(Lysorophus tricarinatus)。布鲁利博士和凯斯(Case)博士在他们的论文中指出，这种弛顶螈是所有这些奇妙动物中最有趣的一个属，因为就头骨结构而言，它是两栖动物和爬行动物之间名副其实的"缺失环节"。

我发现弛顶螈化石的地方有沉积物，里面有成千上万的骨骼化石，还有许多精美的头骨化石。我认为这些动物当时一定是冬眠了，因为它们中有许多是在一层硬化的泥土中盘成一圈，再也没有醒来，每一个

微小的爬行动物和它的巢穴都被保存了下来。当然,这些动物死后不久就会腐烂,但经过石化的过程后,它们的骨骼被化石取代。

现在我想向大家介绍一下这个石化过程。“石化”这个词应该从我们的词汇中删除,因为它意味着不可能。记得小时候,我用拉丁语翻译了这样一句话:“他的骨头变成了石头。”也就是说变成石头。我们经常听到“木化石”这个词,它的意思是木头变成了石头,仿佛自然界有一个过程,通过这个过程,一种物质可以变成另一种物质,就像哲学家所说的那样。事实上,“石化”这个词所表示的是一个置换的过程,而不是嬗变的过程。当这些远古时期的动物尸体腐烂之后,它们骨头中的水从构成骨头的细胞中把腐烂的有机物携带出来,这些含硅或石灰的有机物就被沉积在那里。当环礁湖床以固体岩石的形式高出水面时,同样的过程仍在继续。雨水从岩石和相似的化石中渗透下来,把它所携带的矿物质留在骨细胞中,直到它们被填满。然后,随着时间的推移,细胞壁被破坏,然后二氧化硅或石灰重新组织,完全被石化,或被称为“僵化”,就像得克萨斯的二叠纪骨骼化石一样。我发现了一种爬行类动物的梯状脊椎化石,它的骨骼完全被矿石替代了,还有一些化石是由硅构成的。

这些矿物质要多久才能完全取代原来的骨骼?年复一年又一年。我在堪萨斯州的平原上发现了一个象骨化石采集地,在那里我采集了哥伦比亚长毛象的 200 多颗牙齿化石,其中一些较大的,每颗重达 14 磅。碎裂的骨骼化石一吨吨地散落在基质中。我让堪萨斯州立大学化学系主任贝利博士对它们进行了分析,他发现其中只有 10%的硅化物质,也就是说,它们钙的磷酸盐含量只有 10%,比磨碎的骨粉的钙磷酸盐含量要低。这头大象生活在俄亥俄州乳齿象时代,它的骨骼化石被发现的位置表明它们是在尼亚加拉瀑布下方 6 英里的地方被埋葬的。所以,只要我们知道这条河升高 6 英里用了多长时间,就能知道用10%的二氧化硅浸透堪萨斯州中部猛犸象的骨骼用了多长时间。那么,在猛犸象出现的时代,人类可能还没有在美洲出现,可见,这是多么愚蠢啊。

正如我前面已经提到过的,得克萨斯二叠纪的岩石中充满各种形式混凝土的红色黏土。记得有一次,我绕着一个小山丘走了一圈,看见面前有成百上千个椰子,有的是完整的,有的棕色外壳破裂,露出里面的白肉。我心不在焉地从马上跳下来,准备饱餐一顿,这才发现那是些形状和颜色都与椰子极为相似的东西,连我这个有经验的收藏家也上当了。我还听说过一个人,他展示了一组大型的混凝土收藏品——哈伯德南瓜化石。我没有听到任何人怀疑,其实,这些混凝土就跟他们的标签所宣称的一样。

得克萨斯州地区的二叠纪有两种不同的地层赋予了这个地区的地表鲜明的特征,它们就像相隔数百英里一样不同。我去了马溪的一个化石地,那里的红色河床全部躺在灰色大地上。向西望去是一幅广阔荒凉而孤独的“图画”,不断有断壁残垣、狭窄山谷和突兀的峭壁在我面前展开,到处都是一样的红色,只有一些矮小的牧豆树或一小片草地的绿色才使它显得不那么单调。东边是马溪狭窄的山谷,那里和堪萨斯州东部的居住者所熟悉的地形一样:灰色砂岩的突出部分在两侧形成了狭窄的陡坡,顺着峡谷周围群山的走向,草地以平缓的起伏与它会合,或者从下面的地面上向上生长着。据我观察,这块砂岩最厚的地方在我的营地附近的一个狭窄峡谷口的河底,位于西摩以北8英里处。我在那里取了一个截面,并把岩石样本寄到了慕尼黑。

我在特殊环境下观察这块岩石,发现它解决了一个有趣的问题,即红色河床的供水问题。我发现下过阵雨之后,这些河床暴露地方的水很快就流走了,除非是被蓄到天然或人工的水槽内,但红色河床

上没有井,也没有泉。而在灰色的河床上,总是有泉水和流动的溪水。

在我 1901 年 9 月的那次远征中,一场自 5 月以来最大的雨倾盆而下,持续了一个半小时,地面上到处都是水,但雨停后不久水就消失了。我儿子在河对岸发现了一个有丰富的无脊椎动物化石的地方,它们主要是由直的和卷曲的鹦鹉螺壳组成的。倾盆大雨过后不久,我就跑过去收集它们,因为布鲁利博士告诉我慕尼黑博物馆急于获得这样的藏品。我刚开始工作不久,乔治就对我大喊,说如果我不想游泳,就马上过河回来。我急匆匆地听从了他的建议,以至把工具都落在了后面。顷刻之间,汹涌的洪水淹没了河床上的岩石,我刚刚走过的地方也被淹没了,河水迅速涨到了 8 英尺高,险些淹没了我的营地。

我在小溪的西边寻找,想找到一个工作的好地方,最后找到了前面我提到的那个峡谷。那儿有一层平坦的地面,是由灰色岩层的第一层构成的,大约有 500 码[①]长,一直延伸到一块 8 英尺厚的红砂岩的突出部分。地上满是从红色河床上冲下来的碎石。令我吃惊的是,虽然表面是干的,但洪流从上面的沉积物下涌出,在将近 5 英尺厚的灰色岩架上形成一个微型瀑布,水流翻滚着冲进下面的山谷。

我发现的岩石是由四层砂岩构成的。上层有 8 英寸厚,由细细的沙子组成,这些沙子似乎是被海浪拍打粉碎的。它非常紧凑和沉重,而且在曝光后,就会变成矩形块这样完美的形状,它们完全可以不用锤子或凿子加工就用在建筑上。第二层碎裂成数吨重的大块,它的上层更粗糙,大约有 20 英寸厚,里面有一些无脊椎动物化石。第三层有 12 英寸厚,它有着跟其他几层一样的特征,它里面包含着许多跟我们现在的鹦鹉螺有关的直的和卷曲的贝壳化石,它们一片混乱,但我

---

① 英美制长度单位,1 码合 0.914 4 米。

相信有些卷起来的贝壳直径有1英尺。这个地层不像其他地层那么紧密，而且似乎含有更多的石灰。第四层是一种非常坚硬的灰色砂岩，厚8英寸，它的表面有坚硬的物质隆起，以各种不同的角度排列着。

通过观察，我得出结论，在威奇托河山谷里，水可浸透300英尺的河床。红色河床的透水性能使水迅速地渗入其中，直到这些水无法穿透灰色砂岩为止，在那之后，无论岩石以什么角度倾斜，水都会从岩石中流出。

第十一章

结　　论

在这里，我想提一下我儿子发现的化石标本，感谢上帝，我培养了一个化石猎人的接班人。我的第二个儿子查尔斯·M.斯腾伯格最近实现了我40年来的梦想，他发现了属于马什教授的露齿大鸟——黄昏鸟(Hesperornis regalis)，这是西部皇家鸟中最完整的化石骨骼。不幸的是头骨化石不见了，要不然就可以看到几乎完整的化石骨架了，而且奇怪的是，它处于原来的位置，这表明卢卡斯(F. A. Lucas)博士对国家博物馆内马丁标本的修复是正确的。也就是说，它是一只潜水鸟，是“潜水者”而不是人们认为的“涉水者”。然而，我们的化石标本显示，它的脖子比想象的长很多。这个长脖子的潜水者，它的跗关节与身体成直角，还长着脚趾间有蹼的脚掌，这的确很奇怪。它的身体很窄，只有4英寸多一点儿，脊椎骨像船的龙骨一样。它的头有10英寸长，长着锋利的牙齿。通过保持身体平衡，它能够捉到6英尺外的猎物，因此，任何在它活动范围内的鱼就不幸了。我把这种大潜水鸟命名为“奈厄布拉勒组”的蛇鸟。多年来，我一直渴望找到这种化石标本，令人高兴是，我的儿子找到了它，它将被安装在美国博物馆，我能想象到它离开我的实验室时的情景(图41)。

图 41　“黄昏鸟雷加利斯”的骨骼化石，堪萨斯白垩纪的巨齿鸟

由查尔斯·M. 斯腾伯格发现，现在在美国自然历史博物馆内

还有一个关于白垩纪伟大的恐龙的词汇：飞行蜥蜴翼龙（The Flying Lizard Pteranodon）。1906 年，我的儿子在朴树溪发现了一具化石骨架和一个非常精致的头骨化石，现在它们被安放在大英博物馆，我热情的朋友史密斯·伍德沃德（A. Smith Woodward）博士说我的标本非常令人赞赏。

在我写下这几行关于我第 20 次到那些河床去探险的文字的时候，我的儿子乔治·弗莱尔（George Fryer）负责在堪萨斯白垩探索，非常幸运的是，他发现了一大盘美丽的无茎海百合，并将其安全采集，运到了我的实验室。我把其中的一部分寄给了法国国家自然历史博物馆的布尔（M. Boule）教授，这块化石板上有数以百计的稀有动物（图 42）。

图 42 “犹因他海百合受索利斯”化石板

包含 160 个花萼，有 4×7 英尺

我可以告诉读者们，在我开始写这些文字的一年之后，我刚从堪萨斯州的平原上获得了两个珍贵的更新世化石标本，那里是远古动物的宝库。其中一个是一头威猛的野牛化石，它的头比其同伴的头要高，上面还有一对 6 英尺长的角。头的长度是 2 英尺，角芯之间的距离是 16 英寸，眼眶到角的距离是 1 英尺。密苏里太平洋铁路公司希望缩短堪萨斯州谢里登县霍克西附近的小溪，在弯道上开辟一条新路。他们挖到埋葬骨骼化石下面 2 英尺的地方，离地面 35 英尺，这两个化石标本被一场洪水冲了出来。1902 年 6 月 15 日，来自堪萨斯州霍克西的弗兰克·李和哈利·亨德森先生发现了这对化石标本。1908 年 6 月，我很幸运地得到了它们。我用白色的虫胶把它们填满，它们是更新世时期大野牛的化石标本。现在它们被发现的地方比当初被埋葬的位置高 3000 英尺，因为当时的气候是亚热带气候，它们就在海平面附近散步。辛辛那提博物馆保存着一对类似野牛化石最大的角。我从他们的记录中抄了一份：“在第九板块上，最引人注目的是一种早已灭绝的宽额野牛，它有着巨大的角。这个标本是现存同类标本中最精美的，也是辛辛那提博物馆的珍品。它于 1869 年在俄亥俄州布朗郡的布什溪被发现，经过诺顿（O. D. Norton）博士的努力，博物馆于 1875 年得到了它。我很乐意向我的读者展示一张堪萨斯更新世野牛头骨化石标本的照片，沿着角芯的曲线测量，它比著名的俄亥俄州野牛头骨化石标本长 1.5 英尺（图 43）。

图 43 来自堪萨斯州霍克西的巨型野牛的头骨化石和角

该野牛化石的角长 **6** 英尺，宽 **1** 英寸，角的曲线长 **8** 英尺

而下面这头巨大的哥伦比亚猛犸象是迄今为止发现的同类中最大的象之一，我用图片展示了它的下颚，现在还保存在我手里。它的化石是在堪萨斯州内斯县附近被发现的。这头巨象和野牛生活在同一时期，其最后一颗臼齿将磨损的前齿和另外两颗臼齿挤了出来，占据了整个下颌，磨削面为 5×9 英寸。下半部分的牙齿像扇子一样张开，沿牙齿顶端到底部有 20 英寸长。下巴的最大周长是 26.5 英寸，最大长度是 32 英寸。不幸的是，关节很可能由于在河床上发生移动而被磨损。1908 年 6 月，我得到了这个珍贵的猛犸象的下颚（图 44）。

图 44 哥伦比亚猛犸象“哥伦比象”的下颚,发现于堪萨斯州内斯县

构成地壳的地层有多么丰富,也许只有化石猎人最了解。以堪萨斯州西部为例,在那里我们脚下是一片巨大的墓地。洛根县有一条穿过四个巨大岩层的峡谷,较低的红色和蓝色白垩层充满了游动蜥蜴的残骸;有神奇的无齿翼龙,它是有史以来最完美的飞行动物;有露齿黄昏鸟,它是西方的皇家鸟;有水蚤属鱼鸟(fish－bird Icthyornis),它有着鱼一样的两凹椎;还有大小不一的鱼(其中有一种超过 16 英尺长)和巨大的海龟。岩层上面是皮埃尔堡白垩纪的黑色页岩,数千英尺高的页岩暴露在密苏里州北部贫瘠的土地上。在这种结构中恐龙占统治地位。更高的是卢普福克第三纪的灰浆层,那里占统治地位的动物由爬行动物转变为哺乳动物。在堪萨斯西部找到了大量的短肢犀牛、大的陆龟“奥瑟皮吉亚”(Testudo orthopygia)、几只长牙的乳齿象、剑齿虎、三趾马,还有一只仅有 18 英寸高的小鹿。在更高的地方,草根向下生长,以骨头为养料,这里有哥伦比亚猛犸,有和我们今天的物种类似的独趾马，有像南美无峰驼一样的骆驼，以及有比现在大得多的野牛。

由于人类的活动现在野牛几乎已经灭绝了。在覆盖所有这些的土层中，一个古老的箭头和一头现代野牛破碎的骨骼给我们上了一堂实物课，告诉我们这些早期世界的遗骸是如何被保存下来的。动物的种族就像人类的一样，发展到最高境界之后就会开始退化，让位给生活在同一地区、遵循进化规律的其他种族。

图45 由奥斯本和奈特还原的三角龙

1908年7月到9月，我们在怀俄明州的肯弗斯县进行狩猎，为了找到已知脊椎动物中头盖骨最大的三角恐龙——三角龙(Triceratops，图45)。美国博物馆已知的有13件好的化石标本，其中7件在耶鲁大学博物馆，我相信是由海切尔博士收集的。海切尔博士在他的野外笔记中绘制了这一地区的地图，用“十”字标出了发现头骨化石的地点，他标出了30个地点，但我很快知道，他把破损和劣质化石的地点和一些完美化石的地点都标出来了。我带着三个儿子满怀热情地来到这个地区，为大英自然历史博物馆寻找这些头骨化石。

我没有受雇于哪家机构，但协议规定，如果我能弄到一个好标本，就交给他们。我必须承认，当美国自然历史博物馆的奥斯本博士写信给我说，他的团队在这些石床中寻找了四年，但没有找到化石标本时，我很怀疑。几个星期过去了，我们四个人检查了每一块露出来的岩石，但都一无所获。岩石由黏土和砂岩组成，砂岩既厚重又纵横交错。在砂岩大矿床中，分布着奇形怪状的极硬燧石块，它们具有相同的物理特征，但硬度较高，它们为地形增添了奇怪的形式，从成群的“巨型蘑菇”到令人吃惊的“人脸”，所有大脑能想象到的每一种形态几乎都能在这里被发现，它能立即引起观察者的注意(图 46、47)。

图 46 奈厄布拉勒组，有冠岩的白垩纪白垩，以堪萨斯州戈夫公司的城堡岩著称

图 47　堪萨斯白垩，以地狱溪著称

从一个高耸的小丘上俯瞰这个地区，可以看到远处有许多圆锥形的土丘，在朦胧的暮色中，有的像平顶的山，有的像草垛一样！当岩石或者像燧石一样的物质被分解时，它们向东流入夏延河的溪水，一条条小溪像扇子的骨线一样，把这条狭窄的河流分割成深深的峡谷和狭窄的山洞。这些淡水河床大约有 1000 英尺深，它被海洋、皮耶尔堡和福克斯山白垩纪所环绕的盆地覆盖。

南面的巴克溪，北面和东面的夏延河，以及一条穿过闪电溪入海口的线，这四条线围起来大概就是我们勘探过的拉腊米河床的面积。它们占地约 1000 平方英里。在这个完全被牛羊所占据的土地上，几乎没有栅栏，除了偶尔遇到一个孤独的牧羊人，没有人会来这里。我的化石猎人队伍带着极大的希望来到这里，希望我们能找到一些著名恐龙的化石。

这是爬行动物和哺乳动物之间的边界地带，在这里的哺乳动物是小型的有袋动物。我们获得了这些早期哺乳动物的几颗牙齿。我们怀着一线希望，日复一日勇敢地寻找着。每天晚上，我都焦急地问孩子们一个问题：你发现什么了吗？答案是：什么都没有。我们经常吃不到美味的食物，因为我们离基地有65英里远，而且我们总是料不到，在崎岖的丘陵和峡谷跋涉几英里之后，我们的胃口会变得多么大。8月的一天，我和利瓦伊(Levi)乘坐单马马车前往施耐德溪雪松山附近的营地。当我们经过一块我没有走过的小空地时，我让利瓦伊驾车走到一片红色页岩的河床上，那是一片老泥炭沼的残余。我在那里发现了三角龙角的末端，我无意中发现了这种稀有恐龙化石的埋葬地。经过这么多的徒劳，我们终于找到了打猎的好目标，我们是多么激动啊！在大英博物馆地质学负责人史密斯·伍德沃德博士的指导下，它被组合和安装在大英博物馆。它有一个漂亮的头骨化石。我的许多采集物现在都在大英博物馆。

遗憾的是，这个头骨化石有些破损，一个角芯已经不见了。但是，另外有角芯的那边比较完整，这样，后脑勺、巨大的后冠看起来是完整的。这个头骨化石的总长度是6英尺6英寸，眼睛上方的角芯有2英尺4英寸高，而中间的周长是2英尺8英寸，底部直径是15英寸。

这是一只生前已经完全成年的动物。由于头部防卫器官的小骨与边缘发生了同骨化，并或多或少保持波浪形的清晰轮廓，所以我倾向于认为它们是“装饰品”。它们可能会在防守上对其有帮助，但在进攻上不会对它有任何帮助。

与此同时，我的大儿子乔治告诉我，他曾在离我们营地半英里的一个山谷口附近探寻过。在那里，发现了一个天然的水池，里面是满满的雨水，上面覆盖着几块巨大的混凝土似的岩石，这样可以使它免受太阳和牲畜的“伤害”。在夏延河的河口附近，乔治带着我和利瓦伊穿过分水岭。乔治指出了一个地方，他在那里发现了一个骨床，后来我们在那里发现了许多爬行动物和鱼类的牙齿、硬鳞鱼的鳞片、小恐龙和鳄鱼的骨骼化石，还有精美的乌龟、三角鱼骨头等。由于还有几百码的路要走，于是那两个男孩先过去，而我则来到骨床前。他们很快告诉我，在一块砂岩的悬崖上发现了一些骨头化石。乔治在一个地方找到了一部分标本，不久利瓦伊就找到了另一部分。我让乔治把头骨周围的东西清理干净，让骨头露出地面。

我们采集头骨化石的时候，乔治和利瓦伊的食物几乎要吃完了，我们离开前的最后一天只能以煮熟的土豆为食。尽管如此，他们还是搬走了一大块12英尺宽、15英尺深、10英尺高的砂岩。我当采集家已经有40年了，呈现在眼前的是一副我所见过的最完整的已灭绝动物的化石骨架，此刻我又体会到第一次站在采石场时候的那种快乐！这是我毕生工作的最高成就！

一只大鸭嘴龙化石〔它是奇异糙齿龙(Trachodon mirabilis)的近亲〕仰卧着，伸出它的前肢，好像在乞求帮助，而痉挛的后肢折了起来，折叠在腹壁上，头埋在右肩下面。有一种说法，它可能是仰面倒在了泥沼里，要么是摔断了脖子，要么是头埋在身体下面拔不出来，最后窒息而死。如果是这样的话，泥炭沼的防腐特性就会把它的肉体保存起来，直到内脏因腐烂而被沙子所取代。它躺在那里，肋骨展开，就像活着时候一样，包裹在皮肤的印痕中，皮肤上八角形的美丽花纹标志着骨头上方的细砂岩。乔治已经把岩石凿掉了，留下的痕迹足以让人觉得，它的血肉已被砂岩所取代，这使它在大约500万年前死亡时的形象清晰可见。

从覆盖腹部的皮肤轮廓来看，皮肤至少有1英尺厚，一种解释是，这种巨大的动物是死于水中。在尸体内积聚的气体使它漂浮起来，然后被水流带到它最后的埋葬地点。当气体排出时，尸体会头朝下、四肢朝上，最终沉到泥底。

这个已经灭绝动物的化石标本确实与复原的有很大的不同，在本书中给出了一幅理想的复原图(图48)。首先，我们在标本中发现肋骨扩张了，大胸腔有 18 英寸厚，24 英寸长，30 英寸宽。我毫不怀疑，随着它的肺扩张到了最大容量，它经常游过热带丛林里的溪流，它曾经在那里生活，也在那里死去。此外，它的前肢并不仅仅是胳膊，它们从来没有接触过地面，而是用来运动的，因为它的脚趾有蹄骨，但后肢的脚趾非常大，还有一个分开的拇指，拇指的爪骨是圆的。因此，这种动物可以用前肢作为笨拙的爪子来抓取树枝啃食嫩树叶。而每个后肢上都有三个强有力的蹄子。

图 48 由奥斯本和奈特还原的鸭嘴龙（此图来自美国自然历史博物馆）

在这种动物面前（除了后腿、尾巴、左胫骨和腓骨以外，它是完整的），我不怀疑爬行动物在吃树叶的时候，它那沉重的身躯是完全直立着的。当它走路时，也会用它的前肢。一个显著的特征是有数不清的实心骨棒沿着脊椎骨排列，看起来像僵化的肌腱，类似于火鸡腿上的肌腱。数以百计的骨棒出现了，一排接一排，形状像印第安珠子，中间粗如铅笔头，斜向外慢慢变成一个小圆点。我想这是为了防御，当一只巨大的雷克斯暴龙跳到它的背上时，雷克斯暴龙有力的爪子也穿不进它的肌体里，因为这些骨棒是穿不进去的，这样它就可以摆脱掉它的敌人。

造物主的双手创造出来的作品是多么奇妙啊！现在的生命，只是以往生命的一小部分！绵延数英里的地层、高山，不过是以往生命的石棺。

四十多年前，我作为先驱之一进入这一领域以来，它的发展是多么迅速啊！1867 年，我只认识 5 位古生物学家：阿加西、勒斯奎乐、马什、柯普和莱迪(Leidy)，他们的追随者更是寥寥无几。而今天，哈佛大学博物馆、普林斯顿大学博物馆、美国自然历史博物馆、卡内基博物馆、菲尔德博物馆，以及一些国家博物馆都收藏了大量的动植物化石，而且有关动物化石的出版物也达到了一个巨大的量。

我有幸参加了 1906 年冬在纽约的美国自然历史博物馆举行的美国科学促进会的会议。奥斯本教授把我介绍给他出色的首席研究员赫尔曼先生。赫尔曼先生曾组装过雷龙、异特龙(Allosaurus)以及许多其他“灭绝”动物的化石标本。奥斯本教授要求赫尔曼先生把所有的业余时间都用在向我展示展厅和储藏室里的标本上，有准备的也好，没有准备的也好，并尽他所能使我的访问愉快。在这个古老动物化石标本的乐园里，我感到很自在，其中很多标本是我在探险中采集到的。它们陈列在宏伟的大厅里，这个大厅是纽约市民为科学贡献出财富和智慧的代表。杰塞普(Jesup)先生竟用他的私人财产买下了已故的柯普教授的私人住所里所有的收藏品，这是多么令人钦佩啊！我也为这些收藏品做了 8 年的贡献。他把它们交给了奥斯本教授，奥斯本教授在沃特曼博士和马修博士等人的帮助下，以清晰易懂的形式将它们呈现出来，不仅是这些收藏品，还有许多来自西方化石领域的其他收藏品。

想到我在活着的时候终于梦想成真，看到庄严的大厅被许多生活在过去几千年前的动物装饰起来，而我有幸得到了珍贵的动物完整骨架，现在它们正被装饰在那些大厅里，这是多么光荣的一件事啊！

同年，也就是1906年，我站在哥伦比亚高地上，俯视着这个熙熙攘攘的大都市，想起自己也是一名土生土长的纽约人时，心中充满了自豪。然后，我想起了遥远的草原之州堪萨斯，想到我生命中最美好的时光是在它那古老的海洋和湖底（那些创世的古老墓地）度过的，我就感到无比自豪。

我试图把过去的生活（至少一部分）展现在我的读者眼前。我们当中有些人能够把古代陆地、海洋和居民描绘在画布上，其中包括美国博物馆的查尔斯·R·奈特（Charles R. Knight）先生和卡内基博物馆的西德尼·普伦蒂斯（Sidney Prentice）先生。我从小就认识普伦蒂斯先生，我很荣幸，他跟我保证说我的建议有助于他做决定。他说，不仅要做好一个古生物博物馆的艺术家，而且还要用画笔描绘出地球上早期居民的理想生活。他的成功表现在他对硬椎龙的还原上。由于亨利·F.奥斯本教授的帮助，奈特先生复原了许多已灭绝的动物，让我的作品熠熠生辉。即使我的描述不能把读者带回到迷雾般的远古时期，这些复原图也肯定能达到预期的效果。

在这么短的篇幅内，我不敢奢望大家对化石猎人的生活有太多的了解。但这对我来说是一种快乐，我不愿错过我的那些发现，我愿意经历同样的困难来达到这样的结果。如果我的故事能引起人们对化石的兴趣，我就会觉得我没有白写。

当我邀请哥伦比亚大学的威廉·K.格雷戈里教授最后一次阅读这本《寻找化石的人》出版前手稿的时候，我将永远不会忘记他的这番话："我希望你不要觉得是你有求于我，因为这件小事是我必须要为你做的，换句话说，考虑到你的一生和你的工作，所有的古生物学家都有义务为你做这件事。"果然，我已经拥有太多，我的事业实在是美好。比起他们对我应尽的责任，我对那些描述过、发表过，但最重要的是准备过并展示过造物主的崇高纪念碑的科学家们负有更大的责任，我有幸发现并向文明世界展示了这些丰碑。我的身体将化为尘土，我的灵魂将回归到创造它的上帝那里，但上帝那双手创造的作品，那些其他时代的动物，将给“尚未出生的后代”带来无尽的欢乐和愉悦。